電子通信情報系コアテキストシリーズ C-2

# 情報セキュリティ基礎講義

松浦 幹太
著

コロナ社

# 刊行のことば

産業革命には，エネルギーを基軸に段階分けする立場と，産業のインフラ要素から情報化を含めて段階分けする立場がある。1860 年代から始まったとされる第 2 次産業革命はエネルギー源としての「電気」を基軸に置く議論が一般的である。ところが，明治政府はそのような分類学を超越し，電気の効能は通信にあると見切っていた。実際，明治 4 年（1871 年）には東京・ロンドン間で電信網を完成させ，その開発・運用に必要な技術者養成を目指して，明治 6 年に工部省工学寮電信科を創設している。本シリーズのテーマである電気・電子，通信と情報に関する日本最初の学校である。東京に電灯が灯ったのが 1882 年であるから，その 10 年以上前に通信網を完成していたわけである。一方，ケンブリッジ大学は 1871 年に電磁気現象に物理学の未来を夢見てキャヴェンディッシュ研究所を設立している。今から考えると，どちらの「電気」の見方も正しかったが，より産業的な実利を得たのは日本だったといえよう。現代は第 4 次産業革命のただ中にあるといわれ，日本の立ち遅れを叱責する声が大きい。ただし，そのように外国がやっていることをただ真似るのだとしたら，明治政府は物理学研究所を作っていたはずである。彼らは，後世にいわれるほど西洋の物まねに機械的に熱中していたわけではない。彼らなりの戦略眼があったと見るべきである。

電気・電子，通信そして情報は，以来，工学の主要な分野を形作ってきたが，特に第 2 次世界大戦後は，電子工学に代表される工業製品や生産設備の刷新を経て，1990 年代以降の情報通信社会を導いている。これはコンピュータの性能の急速な向上と，光通信に代表される通信網の急速な高速化に支えられたインターネットの出現に負うところが大きい。太平洋横断海底通信ケーブルを例にとると最初の光ケーブルだった TPC-3（1989 年）の 560 Mbps と比較して FASTER（2016 年）の 60 Tbps では約 11 万倍の高速化が達成されている。この結果，全世界の情報を一瞬に集め，これまでにない速度で処理する，いわゆるビッグデータの時代が到来している。今や，SNS (Social Networking Service) などに代表されるように，我々の活動は様々なディジタルメディアに書き込まれるようになっている。我々は梅棹忠夫が数十年前に予想した情報環境の中で生活するようになったともいえる。20 世紀までの歴史研究の「書物」がそうであったように，ディジタルメディアに堆積された「情報」こそ，これからの歴史を語る際の基本資料であるといえる。

そこで今回，これから技術者を目指す電気・電子・情報系学部生また高専生向けの教科書シリーズ「電子通信情報系コアテキストシリーズ」を立ち上げた。本シリーズは，電気・電子分野（A），通信分野（B）そして情報分野（C）と三つの分野に分け，多くの大学で講義されている科目を厳選し，実際に講義を担当している先生を執筆者とし，これからの教育現場に合った教科書を目指している。

本シリーズで勉強した学生が，若者の目で，上記のような 2010 年代における価値観から技術を再整理する一助になれば幸いである。

2017 年 5 月

編集委員長　浅見　徹

# まえがき

本書は，東京大学工学部の電気系学科 4 年生を対象とした講義「情報セキュリティ (information security)」の内容がベースとなっている。筆者が 2009 年に同講義を始めるまで，学科に情報セキュリティ専門の講義はなく，通信や計算機関係の講義の一部で情報セキュリティに触れられる程度であった。講義が始まってしばらくは試行錯誤が続いたが，試行錯誤するまでもなく自明なことがあった。半年間の一コマの講義で教えるには，情報セキュリティの内容はあまりにも多く，時間が大幅に不足していた。

そう，情報セキュリティ分野は，広く，深いのである。

情報セキュリティだけでも一つの学科が成り立つといっても過言ではなく，最初から，網羅的な内容は考えられなかった。そこで，情報セキュリティ分野を支える重要な考え方をまとめ，それらの考え方を学ぶ上で適切な素材を厳選し，必要に応じて簡略化あるいは一般化などの変更を加えた上で基礎講義として形作ってきた。脆(ぜい)弱性が除去されていない段階の技術を選び，そこから学ぶことを狙ったものもある。丁寧過ぎるほど細かく説明する内容と自習を促す内容を使い分けることも工夫し，効果を見ながら改善を積み重ねた。各論で暗号を学ぶよりも早く，序論段階で暗号分野の概念をいくつか学ぶという順序も，最終的な効果を重視した結果である。今回，教科書としてまとめ直すにあたって，「情報セキュリティ分野は，広く，深い」という原点に立ち返り，その理由を分析した結果に基づいてアレンジを加えた。

情報セキュリティ分野は，なぜ，広く，深いのか。

一つには，商用化されている最終製品やサービスで，情報通信技術 (ICT:

information and communication technology）を利用していないものはまれだからである。その製造工程や流通過程も含めて考えればなおさらである。ICTを利用する限り，情報セキュリティと無縁ではいられない。したがって，情報セキュリティを学ぶことは，理工学の多くの教育課程において，有意義である。特に，ICT分野では必要不可欠である。したがって，本書は，ICTを大学教育レベルで学ぶが情報セキュリティに携わるとは限らない幅広い人々を読者として想定し，執筆した。

もう一つには，技術だけで話が閉じないからである。情報セキュリティは，最終的には人の問題という見方も多い。「問題が発生すれば，最終的には司法の判断やお金による解決に頼る」という見方もある。これらは，学術的には人文社会科学の範疇（ちゅう）である。したがって，本書は，技術的でない素材もやや多く内容に含めて執筆した。

ユーザとしてICTを使うことは，いまやオフィスワークから家庭生活に至るまで，広く浸透している。基礎という看板を掲げるならば，大学教育を受けない人々をも対象として執筆したい気持ちもあった。しかし，残念ながら筆者の力量では，最低限の数学（大学の教養課程レベルの確率統計と微積分）と情報学（エントロピーと条件付きエントロピーなど）やインターネット工学（インターネットプロトコルの基礎など）を含む素養を，読者に求めなければならなかった。また，本書自体，最初から通読することを前提としている。より一般の読者を対象とし，ある程度断片的にも読みやすい縦書きの解説については，他書を参照していただきたい。拙著の範囲では，現時点では，「サイバーリスクの脅威に備える――私たちに求められるセキュリティ三原則――化学同人（2015）」が最もその役割に近い。

最後に，本書執筆のきっかけを与えていただいた東京大学の坂井修一教授，そして，本書の草稿に貴重なコメントをいただいた産業技術総合研究所の大畑幸矢博士および本書担当編集委員に，深く感謝の意を表するしだいである。

2019年1月

松浦　幹太

# 目　次

## 1 章　情報セキュリティの基本

## 2章 暗　号

# 3 章　ネットワークセキュリティ



# 4 章　コンピュータセキュリティ

## 5章 応用例と社会

# 1章 情報セキュリティの基本

◆本章のテーマ

「そもそも情報セキュリティを確保するとはいかなることか」という問から始めて，情報セキュリティにおける着眼点や，安全性評価の枠組みを示す。本章の目的は，情報セキュリティに取り組む心構えを知り，ベストプラクティスにも目を向け，情報セキュリティ分野におけるセキュリティマネジメントの基礎を理解することにある。

◆本章の構成（キーワード）

1.1　基本要素
　　守秘性，完全性，可用性，信頼関係

1.2　管理サイクル
　　PDCA サイクル，セキュリティマネジメント，脅威分析，異常対応

1.3　三原則
　　ケルクホフスの原則，明示性，首尾一貫性，相互依存性

1.4　ベストプラクティス
　　アドレス確認，任務の分離，最小権限への制限，ルーチン化，情報セキュリティポリシー

1.5　安全性評価
　　計算量的安全性，情報理論的安全性，形式検証，経験的安全性

◆本章を学ぶと以下の内容をマスターできます

☞ 情報セキュリティで着目する性質
☞ 情報セキュリティの手順
☞ 情報セキュリティに取り組む心構え
☞ 情報セキュリティのベストプラクティス
☞ 情報セキュリティのモデル

## 1.1 基本要素

「情報セキュリティの確保[†1]」とは，端的にいえば，情報セキュリティの基本要素に関する品質管理を徹底することである。基本要素としては，少なくとも，**守秘性** (confidentiality)，**完全性** (integrity)，そして**可用性** (availability) を考える必要があり，これら三つをまとめて **CIA** と呼ぶ。さらに，**情報通信技術** (**ICT**: information and communication technology) を活用したサービスを考える時には，そのサービスに固有の**信頼関係** (trust relationship) も基本要素に含める。

攻撃や誤操作などのように，情報セキュリティを論じる対象の要素技術，システム，あるいは組織などに危害を与える原因となり得るものを**脅威**という。また，それらの要素技術，システム，あるいは組織などに内在し，脅威の影響を左右する弱さ（狭義には，具体的な欠陥そのもの）を**脆弱性**という[†2]。われわれは，脅威にさらされ，また，脅威が進化する中で，基本要素に関する品質管理に取り組むことになる。

### 1.1.1 守　秘　性

守秘性は，**秘匿性**あるいは**機密性**とも呼ばれる。ある情報の「守秘性を守る」とは，その情報を知らせてはならない主体にその情報を知られないようにすることであり，守ったままに保つ期間は技術によりさまざまである。

守秘性を守る技術として，**暗号技術**を考えよう。例えば，パスワードを元に生成した鍵による電子ファイルの暗号化は身近であろう。鍵の生成手法や暗号化のアルゴリズムは，その電子ファイルを処理するアプリケーションソフトウェアに実装されているとする。もし，暗号化のアルゴリズムに脆弱性があれば，攻撃

---

[†1] 必ずしも明確に定義されてはいないが，サイバー空間との関わりを強く意識する時には「サイバーセキュリティの確保」ともいう。

[†2] 脅威がもたらす危害を経済的な損失と解釈して定量的な議論をするために，脅威を「損失につながり得る原因が生起する確率」，脆弱性を「その原因が生起した際に，生起したという条件のもとで，実際に損失が生じる（例えば攻撃が生起した場合には，その攻撃が成功する）条件付き確率」と定義する場合もある（5 章の 5.3.1 項参照）。

者が，その脆弱性を突くツールで電子ファイルの内容を見るかもしれない。これは，暗号技術の問題である。一方，パスワードを知らせるべきでない相手にパスワードを知らせてしまうと，暗号技術に問題がなくとも守秘性が守られない。これは，**鍵管理** (key management) の問題である。また，そもそもパスワードで保護する作業を忘れたまま放置してしまう場合もあろう。だからといって即座に電子ファイルの内容を盗み見られるとは限らないが，守秘性は脅威にさらされる。これは，**人の誤り** (human error) の問題である。

守秘性を守る防御の焦点は情報にあり，脅威の源は多岐にわたる。

### 1.1.2 完 全 性

完全性は，**一貫性**とも呼ばれる。人や情報が想定しているとおりの本物である性質を**真正性** (authenticity) と呼んで，完全性と区別する場合もある。ある情報の「完全性を保つ」とは，その情報の不正な変更や詐称（改ざんや破壊など）を防止することである。より広義には，ICT に関するリソース（例えばメモリやソフトウェアのように，情報通信システムの動作を担う資源）や処理方法の不正な変更を防止することなども，完全性の観点で論じる。例えば，**ブロックチェーン** (blockchain) を利用した**スマート契約** (smart contract) では，契約した処理方法自体を，完全性検証できる仕組みで保管する。

完全性が保たれていることを確認する代表的な技術として，認証技術を考えよう。完全性を議論する対象の情報が文書である場合には**メッセージ認証** (message authentication)，個人を特定する身元情報である場合には**個人認証** (personal authentication) という。これらが脅威にさらされると，文書や身元情報を用いた処理に影響が出る。処理に用いるという観点で，文書や身元情報にもリソースとしての性格がある。一方，計算機プログラムなどのより一般的なリソースの完全性を保つことができない場合もある。例えば，不正なソフトウェアである**マルウェア** (**malware**: malicious software) に感染すると，多方面に影響が出かねない。

完全性を保つ防御の焦点にはリソースが加わり，影響の範囲（インパクト）は多岐にわたる。

認証技術を用いて完全性が保たれていることを確認できても，完全性が保たれていないと判明した場合に元に戻す術(すべ)がなければ，完全性を保つことは難しい。処理を止めるなどの対応をとれば影響を軽微にとどめることはできるかもしれないが，根本的な解決にはならない。完全性に関する情報セキュリティ対策では，問題がある場合の対応すなわち**異常対応** (failure mode) が重要である。ブロックチェーンの場合，自律分散的に数多く存在するノードにすべてのブロックを保管すれば，異常対応時に規定通りに復元する機能も実現できる可能性がある。

### 1.1.3 可　用　性

あるリソースの「可用性を守る」とは，そのリソースが必要な時に十分な品質で利用できるようにすることである。利用できなければ不便なので，可用性を**利便性** (usability) の尺度と見なす場合もある。

可用性を守る代表的な技術として，ネットワークセキュリティ技術を考えよう。例えば，サーバをダウンさせるために大量の接続要求を送りつける**サービス妨害攻撃**（**DoS 攻撃**: Denial-of-Service attack）は，可用性に対する脅威である。サービス妨害攻撃は，そのオペレーションの単純さ故，攻撃ツールが出回った場合に素人が興味本位で使ってしまうリスクも高い。ネットワーク上の他人の言動に煽(あお)られて，あるいは，踏み台として乗っ取られた計算機を介して同時多発的に発生すれば，攻撃の威力は増大する。**ファイアウォール** (firewall) などのネットワークセキュリティ技術で攻撃を検知してブロックするという対策は，常時稼働を旨として講じるべきである。

攻撃ではない正当な通信も，可用性低下の原因となり得る。例えば，人気の高いイベントの参加申込受付開始時に，申込用 Web サイトの混雑で接続できない場合がある。また，事前の予測が難しい天変地異や社会的事件が引き起こすパニックによる可用性低下も，サービスの品質を大きく左右する。これらの影響を低減するために常時稼働の情報セキュリティ対策を緩めると，その時に到来した攻撃が被害をもたらす確率が高まる。パニックが意図的な虚言やほかの情報セキュリティインシデント†によって起きたものである場合には，いくつかの準備行動や攻撃を組み合わせたハイブリッドな攻撃の可能性もある。

あるシステム内の情報やプログラムなどが改ざんされたり破壊されたりすると，そのシステムは思い通りに使えないかもしれない。しかし，直接的な改ざんや破壊がなくとも，可用性が脅かされることはあり得る。

可用性を守る防御の焦点にはサービスが加わり，脅威の伝搬経路は多岐にわたる。

### 1.1.4 信　頼　関　係

アプリケーション固有の「信頼関係を守る」とは，時空間的に離れた事象に関する主張を，必要な時に必要な場所で，確実に成り立たせることである。

信頼関係を守る代表的な技術として，ブロックチェーンを利用した**仮想通貨** (virtual currency) を考えよう。その額面の価値を持つということと**二重使用** (double spending) ではないということを主張する場合，額面の価値は入手時の行為に関連し，二重使用の有無は過去の使用行為すべてと関連する。ブロックチェーンでは，それらの行為に関する電子的な証拠を生成したり検証したりするメカニズムを備え，信頼関係を守ろうとする。ただし，額面価値を主張時のレートや環境のもとで変換した実質価値（例えば，現実通貨に換算した価値）は，変換作業を実行する場所や主体によって異なる場合がある。額面に，仮想通貨の単位で表した数値だけでなくほかの補助的な情報（例えば有効期間）も記されている場合，変換作業は外貨両替のように単純なものではなく，複雑な**解釈作業** (interpretation) になり得る。

信頼関係を守る防御の焦点は主張にあり，解釈は多岐にわたる。

† 情報セキュリティに関する事故や事件。情報セキュリティに関するということが文脈から明らかな場合には，単に**インシデント**ともいう。

## 1.2 管理サイクル

図 **1.1** の業務プロセスは，**PDCA サイクル** (Plan-Do-Check-Act cycle) と呼ばれ，品質管理分野で体系化されたものである。情報セキュリティでは，基本要素に関する品質管理が必要である。そのため，PDCA サイクルは，情報セキュリティ分野における**セキュリティマネジメント** (security management) の基礎でもある。

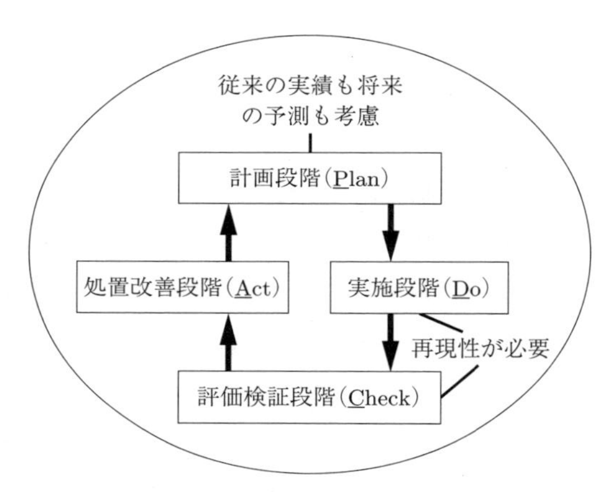


**図 1.1** 品質管理分野で体系化された PDCA サイクル

責任ある品質管理のためには，従来の実績だけでなく将来の予測にも基づいて計画を立案しなければならない。また，業務の実施や評価検証に再現性が求められる。これらの要件は，情報セキュリティ分野において，どのような意味を持つだろうか。

### 1.2.1 計 画 段 階

PDCA サイクルの P は，**Plan**（**計画段階**）を意味する。従来の実績や将来の予測などをもとに，業務計画を作成する段階である。情報セキュリティでは，攻撃や誤操作を把握する脅威分析が必要となる。「従来の実績」という観点では，当然，既知の防御手法と攻撃やインシデントを調査する。その網羅性は調査への投資に依存するが，重要なことは調査結果の体系化である。なぜなら，体系化によって，「将来の予測」として未知の攻撃を考察する作業を助けられるからである。例えば，過去のインシデントを分類して内部不正が多ければ，そのアプリケーション利用環境の特徴である可能性が高いので，新たな技術を同じアプリケーションに導入する際にも内部不正に関する分析（将来の予測）を特に丹念にする必要がある。

計画段階では，その業務の動機・目的に応じて適切な適用範囲と要件を定め，その範囲で遺漏なく計画を立てることも重要である。例えば，実際に使われている具体的なシステムにおいて，長くて複雑なパスワードを覚えるのが困難だから「ユーザの負担が軽く，しかも，長くて複雑なパスワードと同等かそれ以上の安全性を持つ認証方式を探して，あるいは開発して，そのシステムに導入したい」という動機でプロジェクトを始めたとしよう。ユーザの負担軽減を考え利便性を重視している状況であるから，パスワードを忘れたユーザを助ける第二の認証方法†も実装されている場合が多いであろう。この場合，第二の認証方法も含めて計画を立案し，プロジェクトを進めるべきである。

### 1.2.2 実施段階

PDCA サイクルの D は，**Do**（**実施段階**）を意味する。計画段階で作成した計画に沿って，適用範囲を違えないよう注意して，業務を実際にあるいは模擬的に実施する。後の評価検証に役立つ記録を残しながら実施することが重要であり，記録を残す作業自体にも情報セキュリティの専門性が求められる。

例えば，ネットワークセキュリティの実験では，攻撃の通信（例えばマルウェア感染を招く URL が記された電子メール）も攻撃ではない正規の通信（例えば URL が記されず添付ファイルもない電子メール）も用いる場合が多い。攻撃の記録を残せば，保管方法次第で，悪用や事故の懸念が生じる。正規の通信

† **フォールバック認証** (fallback authentication)，あるいは**バックアップ認証** (backup authentication) などと呼ばれる。141 ページ参照。

の記録を残せば，保管方法次第で，業務上の機密や個人のプライバシーに関する問題が生じる。また，多くの記録を残しながら稼働させることは，システムに大きな負担となる。特に，電力や上下水道，交通などの重要な社会基盤（重要インフラ）では，負担が著しい性能低下を招くとそのインフラ本来の役割を果たせないため，十分な記録を残すことは容易ではない。

### 1.2.3 評価検証段階

PDCA サイクルの C は，**Check**（**評価検証段階**）を意味する。業務の実施と評価検証には，再現性が必要である。実施手法だけでなく評価手法に関しても再現に足る詳細な情報がなければ，品質管理がされているとはいえない。また，情報セキュリティ分野の安全性評価は繊細である。例えば，データのサイズを合わせるための継ぎ当てである**パディング** (padding)[†1]として 1 ビットの「1」を付け加えるべきところに誤って「0」を付け加えただけで，安全性証明が成立しなくなる場合すらある[†2]。1 ビットのパディングをする，という要件さえ満たしていれば，「プログラムを組んでそのソフトウェアが動作するかどうか」という意味では問題ない。しかし，そのパッドが「0」か「1」かを誤れば安全性の保証を失う，という場合がある。情報セキュリティ分野では，ソフトウェアが動作しただけでは安心できない。

評価検証段階では，業務の実施結果と計画の整合性を点検するが，単なる照合作業ではない。安全性を評価する作業は，特に専門性が高い。安全性評価という言葉は防御の点検を連想させるかもしれないが，まずは，脅威の点検が必要である。すなわち，計画段階で明らかにした脅威が実施段階で実現されたかどうかをよく点検した上で，それらの脅威に対して防御が機能したかどうか評価する。また，計画段階での脅威分析が十分であったかどうかをよく点検した上で，防御の点検結果を適切に理解しなければならない。

---

†1　例えば，3 ビットのデータ「101」の前に形式的に五つの 1 を付け加えて「11111101」とし，8 ビットのデータと見なす場合，「11111」を付け加える行為を**パディング**，付け加えた「11111」を**パッド** (pad) という。

†2　例えば，本書では，2 章の定理 2.2。

例えば，銀行のキャッシュカードを ATM（現金自動預け払い機）で使用するための四桁の暗証番号による個人認証を補強する目的で，指紋による認証装置を導入するプロジェクトを考えよう。脅威として，キャッシュカードを盗み，推測した暗証番号を ATM で入力する犯罪者を想定している。キャッシュカードを盗んでいるので，犯罪者は，そのカードの表面に残っている指紋画像も入手していることになる。その上で工夫してくる攻撃を実現しなければ，防御を点検する安全性評価の結果も満足なものとはいえない。

### 1.2.4 処置改善段階

PDCA サイクルの A は，**Act**（**処置改善段階**）を意味する。評価検証結果に基づいて，判明した問題に対応する処置を施し，改善する。こうして発展的につぎのサイクルにつなげ，螺旋を描くようにレベルを向上させる。

処置改善段階において，特に情報セキュリティ分野では，ダイナミックな変化に注意しなければならない。実際，時間が経過し技術レベルが向上すると，攻撃も進化する。あるいは，サービスの魅力向上に伴い，攻撃者のインセンティブも増大し得る。同じくサービスの魅力向上がリテラシーの低いユーザを多く惹きつけると，防御者の判断ミスや操作ミスも増える。

とりわけ，攻撃の進化は速い。例えば，新しい強力なマルウェアを作成する能力を持つ攻撃者がごく少数しかいないとしても，そのマルウェアがインターネットで配布されれば不特定多数の人々に迅速に広まってしまう。攻撃側の生産性はきわめて高いのである。

情報セキュリティ分野における処置改善では，これらの厳しい変化を踏まえた処置改善案を出さなければならず，その時に関係者を納得させられる費用対効果と社会的責任の説明も添えることが重要な課題となる。高い生産性で費用対効果を追求するためには，PDCA サイクルに携わるチームに，情報セキュリティの専門家が加わっていることが望ましい。攻撃の進化に対する認識や関連知識が不足で，不十分な処置改善案のままつぎのサイクルに突入すると，結局は余分なサイクルを回さなければならず費用が格段にかさむからである。

また，チームには，社会的責任をよく理解した品格ある指導者がいることが望ましい。社会に対する認識や関連知識が不足で，不十分な処置改善案のままつぎのサイクルに突入すると，同じく結局は余分なサイクルを回さなければならないからである。

## 1.3 三　原　則

ICT サービス提供者や関連事業者，情報セキュリティ研究者らの専門家，さらに，情報セキュリティ関連制度を設計・運用する政府や公的機関といった，防御システムの提供や環境整備に職務として取り組む立場の関与者をまとめて，**防御側プロバイダ**と呼ぶことにしよう。情報セキュリティ分野における PDCA サイクルの特徴を考えれば，防御側プロバイダが三つの原則すなわち**明示性の原則** (explicitness principle)，**首尾一貫性の原則** (consistency principle)，そして**動機付け支援の原則** (incentive-mechanism principle) を守ることが重要である。

### 1.3.1 明示性の原則

暗号技術に関して

- 攻撃者が秘密鍵以外のすべてを知っていてもなお安全であるべきである。

という原則を，**ケルクホフスの原則** (Kerckhoffs' principle) という。「秘密鍵以外のすべて」の中には，アルゴリズムの詳細も含まれている。すなわち，「技術仕様を秘密にして安全性を保ちたい」という安易な方針をとってはならないということである。実際，アルゴリズム自体を秘密にすると，少なくともつぎの五つの問題が生じる。

① 開発関係者以外の第三者による評価が十分にできない。

② 開発関係者が将来裏切ってアルゴリズムの詳細情報を外部に漏らさないよう，注意しなければならない。そのためには，例えばきわめて高い待遇をするなど，多くの費用がかかりかねない。

③ 技術仕様を公開できないため，標準化に不都合である。また，技術の広い普及に支障が出る。

④ 暗号としての本来の機能以外に余分な機能が付いているのではないか，という疑念を払拭できない。例えば，「正当な受信者以外に，開発関係者も暗号化される前の元の情報を知ることができるバックドアの仕組み†が備わっているのではないか」という疑念が残る。

⑤ 開発関係者以外が技術の改善をすることが難しい。

これらのうち，最も根源的な問題①は，ほかの四つとも深く関連する。

例えば，問題②との関連では，開発関係者のだれかが情報を漏らした場合，その情報を入手した攻撃者は安全性評価で前提とした攻撃者よりも強力な攻撃者となる。また，問題③との関連では，「アルゴリズムを公募して第三者による評価を受けさせる競争により標準暗号を定める」という手順を踏み難くなる。

バックドアを脆弱性の一種と見なすならば，バックドアの有無を検査し難いということは安全性評価の困難性の一例である。すなわち，問題④は，問題①が顕在化する具体例と見なすこともできる。ある程度多額の費用をかけられる軍事用途ですら，技術仕様が公開されている民生技術の暗号を利用する需要は少なくない。複数の国が合同で作戦に加わる事案が多い時代に，つねにまったく同じ組合せの国々で戦うとは限らないからである。実際，組合せが変わる都度，秘密裏に独自方式を開発すると，開発期間が短くかえって完成度の低い技術になる恐れすらある。

評価において，一般によく知られている問題が明らかになった場合，その典型的な修繕方法を適用して迅速に評価し直すことができれば，「余分なサイクルを一つ回さずに済むかもしれない」などの意味で効率的である。これは第三者による評価が容易であればこそ成り立つので，問題⑤は，問題①と関連する。

これら五つの問題は，技術仕様を非公開とすると，情報セキュリティ技術全般に対してもほぼ同様に生じる。よって，ケルクホフスの原則を一般化した解

† 正規の経路や方法以外で，リソースにアクセスする（ここの例では，暗号化される前の元の情報を知る）仕組み。

釈を，多くの情報セキュリティ技術に当てはめることができる。すなわち，情報セキュリティ技術の科学的な安全性評価は，「攻撃者は防御手法を知っている」と仮定して実施しなければならない。

ここで注意すべきは，防御技術の仕様公開だけでなく，評価手法の詳細も公開されなければ片手落ちだ，ということである。技術仕様を公開した開発者が，ただ「安全だ」と叫んでも，信頼されない。同じく，公開された技術を評価した第三者が，ただ「安全だ」と報告しても，あるいは逆に「破ることができる」と報告しても，信頼されない。科学には客観性と再現性が求められるからである。

以上をまとめた心得として，情報セキュリティ分野では，多くの場合，つぎのような原則を守るべきである。

**明示性の原則：**再現性を確保できるだけの詳しさと正確さで，防御手法を明示しなければならない。また，再現性を確保できるだけの詳しさと正確さで評価手法を明示して，安全性評価を実施しなければならない。

### 1.3.2 首尾一貫性の原則

1.2.3 項で指摘した指紋認証装置の例は，PDCA サイクルを通じた首尾一貫性の重要性を示している。評価検証段階で

- 他人である攻撃者が，攻撃者自身の指紋を装置にかざして，別の正規のユーザの名を語って認証を要求し受け入れられるよう試みる攻撃

しか考えず

- 入手した正規のユーザの指紋画像をもとに偽造した人工指を装置にかざす攻撃

を行わなければ，計画段階の脅威分析で明らかにした攻撃者よりも弱い攻撃者に対する評価しかできない。攻撃の想定が首尾一貫していないのである。実際，首尾一貫性に欠ける PDCA サイクルから生み出された製品が，後に大きな見直しを迫られた事例がある。

脅威分析だけでなく，適用範囲と要求要件の首尾一貫性にも，注意が必要であ

る。例えば，パスワード認証を利用したシステムの実装において，登録プロセスでパスワードに一定の複雑さ（文字数や英数字以外の記号の混在など）を必須条件として要求する場合がある。利便性と安全性の間には，たいていトレードオフがある。しかも，単純なトレードオフとは限らない。

利便性を損なってでも非常に複雑なパスワードを義務づけて安全性を高めようとする時，複雑過ぎると今度はユーザがパスワードを紙やテキストファイルに安易に書き付けるかもしれない。すなわち，システムの外の管理プロセスに脆弱な部分が生じかねない。また，パスワードの複雑さと実際に体感する利便性の関係は，ユーザによってまちまちである。実際，ICT 企業における特定の社内システムを考える場合と，一般のユーザ向けシステムを考える場合では，状況が異なる。利便性の高いフォールバック認証が整備できるアプリケーションと，そうでないアプリケーションの間にも，大きな違いがある。

単純ではないトレードオフの中でうまく利便性と安全性のバランスをとる工夫をする取組みでは，計画段階から評価検証段階まで適用範囲と要求要件を首尾一貫させなければ，評価検証結果の有効性が損なわれ，効果的な処置改善が阻害される。その結果，効率的な PDCA サイクルを実現できなくなる。

以上をまとめた心得として，情報セキュリティ分野では，つぎのような原則を守るべきである。

**首尾一貫性の原則：**PDCA サイクルの計画段階から評価検証段階までの間，脅威分析や適用範囲と要求要件を，首尾一貫させなければならない。

### 1.3.3　動機付け支援の原則

関与者の動機付け（インセンティブの付与）が適切になされなければ，情報セキュリティの基盤が揺らぎかねない。この問題を考察する際に重要な概念は，**外部不経済** (external diseconomies) という概念である。

ある経済主体の行為が，経済取引を伴わずにほかの経済主体に影響を及ぼすことを，**外部性** (externality) という。例えば，近所で空き巣事件が増えているとする。この状況への対策として，隣の家が新たに番犬を飼い始めたとする。この時，自分の家に近寄る不審者もその番犬が十分威嚇してくれるので自分の家も安全になるだろうと期待して，空き巣対策を怠ったとする。この場合，隣の家との間に直接の経済取引はないが，隣の家の行為が自分の空き巣対策怠慢という意思決定に影響を与えたことになる。これでは，実際の防犯に悪影響を生じかねない。このように，取引の外側で個人や企業などの経済主体に悪い影響が及ぶことを，外部不経済という。

情報セキュリティ対策ソフト（セキュリティソフトウェア）の中には，最新のマルウェア情報などを反映した設定ファイルに随時更新すべく，自動更新が推奨されているものが多い。更新に反映される最新のマルウェア情報を，ソフトウェアベンダーはどのようにして入手しているのだろうか。すべて自力の調査や分析で発見しているのだろうか。

実際には，最新のマルウェア情報などの情報セキュリティに関する情報は，一企業だけでなく業界全体で協力して情報共有することによって，充実した情報となる。共有される情報の提供を関与者の意志に委ねる場合，「最善を尽くして自力で情報を獲得するには，費用がかかり過ぎる。しかし，まったくなにもしないでいると，業界の中で立場が悪くなり，消費者の理解も得られない。だから，全力ではないけれども，そこそこの努力をしよう」という考え方がソフトウェアベンダーの間で支配的になりかねない。この場合，社会システム全体としての平衡点が，防御側である事業者の能力を十分に発揮していない位置に落ち着いてしまう。すると，必ずしも直接の経済取引を伴わない多くの個人や企業が，マルウェアに対するセキュリティの観点で不利益を被る。また，異なるソフトウェアベンダーの間で，情報提供に関する直接的な経済取引があるわけではない。これは，情報セキュリティ分野における情報共有に関する**ただ乗り問題** (free-riding problem) と呼ばれ，典型的な外部不経済の例である。情報セキュリティに関する行為が相互に依存しているという意味で，**情報セキュリティの相互依存性** (interdependency of information security) の問題とも呼ばれている。業界や社会として相互依存性の問題を監視し制御できるよう，適切な制度設計を行わなければならないのである。

ただ乗り自体は攻撃ではないので，われわれがなすべきことは，防御技術の充実というよりもむしろ，動機付けの支援である。動機付けの支援は，ただ乗り問題以外にも，リテラシー向上への取組みなど，多くの観点で，技術の外側の問題を解決するための基本的な要件となる。この要件を満たすためには，技術や管理方式だけでなく，人間や社会を理解して**制度設計** (mechanism design) に取り組まなければならない。

**環境税** (environmental tax) のように，経済的手法によって外部不経済を内部化するという制度設計は，広く知られている[†1]。環境税の例として，石炭，石油，天然ガスなどの化石燃料に炭素の含有量に応じた税金をかけることにより，化石燃料や化石燃料利用製品の価格を引き上げて需要を抑制し，二酸化炭素排出量を抑える炭素税がある。経済主体の行動パターンを環境への負荷が相対的に小さいものへ転換させるよう誘導する目的がある。また，得られた税収を環境保全事業の財源に充てるなどすれば，環境対策費用の受益者負担を通して，外部不経済の解消（内部化）の効果が高まるという考え方がある[†2]。環境対策としては，自動車の排気ガス規制のように規制的手法もある。

環境対策と同様，情報セキュリティに取り組むことは，コストや負担と見なされがちで，積極的に取り組ませる動機付けは容易ではない。よって，規制的手法や経済的手法も検討される。それだけでなく，例えば地球環境問題対策や社会福祉に積極的な企業を支援する購買行動や融資支援のように，情報セキュリティに積極的に取り組んでいる企業に感謝し，その企業をリスペクトし，評価し支持する行動を消費者や社会がとれば，さらに動機付け支援の効果が期待

---

†1 例えば，有害な廃液を垂れ流している工場があり，近隣の漁場で一千万円の被害が出ているとする。被害を抑制することのできる廃液処理装置の導入に五百万円の費用がかかる場合，経済全体としては，廃液処理装置を導入した方が利益が上がる。しかし，工場経営者と漁業を営む主体が異なる場合，工場は廃液処理装置を導入せず低コストで製品を供給し続ける可能性が高い。工場経営者と漁業を営む主体の間には経済取引がなく，前者の行為が後者に影響を与えている。環境問題の多くには，このように，外部不経済の問題がある。

†2 ただし，関連する公共事業が既得権益化すると弊害も起こり得るため，制度設計と運用の詳細には十分注意しなければならない。

できる。地球環境問題対策におけるエコ消費のように，支持行動を社会全体に定着させることが大切である。端的にいえば情報セキュリティを推進する文化の醸成と定着であり，人々の協調した行動が社会全体で情報セキュリティの効率性を高めるという意味では**社会関係資本** (social capital) である†。地道に社会関係資本を整備する取組みは，規制的手法や経済的手法に並んで重要な，社会的手法と呼んでもよい。

攻撃者に乗っ取られた個人や事業者の計算機を踏み台にして，第二波，第三波の攻撃が広がる場合がある。また，利益を得た攻撃者が，さらに不正行為を拡大する場合もある。インターネットは，直接経済取引のない多くの人や組織をつないでいる。情報セキュリティに関わる行為は，広く，しかも驚くほど迅速にほかへ影響を及ぼしかねない。攻撃者の生産性は，きわめて高い。技術的手法，規制的手法，経済的手法，そして社会的手法。これらを総動員しなければ，防御側の生産性は攻撃者に対抗できるレベルに達しない。

以上をまとめた心得として，情報セキュリティ分野では，つぎのような原則を守るべきである。

**動機付け支援の原則：**「人や組織の行動に関して，市場原理に委ねるだけでは情報セキュリティの観点で最適な平衡点が実現できない問題」を解決するために，関与者に適切な動機付けを与える仕組みを整備すべきである。また，情報セキュリティへの取組みをリスペクトする文化を醸成し社会関係資本を充実させるべきである。

明示性の原則と首尾一貫性の原則が第一義的には防御側プロバイダの心得であるのに対し，動機付け支援の原則は，防御側プロバイダだけでなくユーザも肝に銘じるべき心得である。

† 社会的ネットワークを資源と見なし，それを物的資本や人的資本と同様に評価可能かつ蓄積可能な資本として位置づけたものを，社会関係資本という。社会関係資本が豊かに蓄積されるほど，社会や組織の効率性が高まるとされる。身近な例では，地域住民による防犯見回りの仕組みなどがある。

## 1.4 ベストプラクティス

三原則の効果を引き出すために，経験則として，ユーザである組織や個人に求められる行動規範がある。ユーザがそれらに従わなければ，三原則が守られていても情報セキュリティの確保は難しい。逆に，ユーザが情報セキュリティの観点で望ましい行動規範に従っていても，防御側プロバイダが三原則に違反していれば，情報セキュリティの確保は難しい。また，ユーザと防御側プロバイダに共通する重要な経験則もある。これらの経験則（ベストプラクティス）と三原則の間にも，有効に機能するためには相互に必要という関係がある。三原則とベストプラクティスを知り，防御側プロバイダとユーザの適切な取組みが揃ってこそ，情報セキュリティの確保につながる。

### 1.4.1 アドレス確認

情報セキュリティに関してユーザが最も注意すべき事項の一つは，IDを意識したアドレス確認である。身元特定に関わる情報に対して注意深く行動すること，といってもよい。

多くのICTシステムでは，利便性を考慮し，ユーザに能力を超えた強い権限を与えている。Webサイトに接続する際に何らかの警告が表示されても，ユーザが「OK」や「確認」などの選択をすれば，システムはユーザの選択に忠実に従う。Web通信における暗号化通信モードにおいて，三原則を守って開発・維持運用されている標準暗号が使われているとしても，接続先が**フィッシング**(phishing)†目的のWebサイトであった場合，その暗号が「フィッシングサイトを運営する不正者への通信を，その不正者以外の第三者に漏らさないようにする」という役割を果たすことになってしまう。

フィッシングサイトの多くは，そこへアクセスするきっかけとなった通信の出所を示すアドレス情報（例えば，電子メールの表示名ではなくメールアドレスそのものや，WebサイトのURLそのもの）に注意すれば，不正なWebサ

† インターネットで経済的価値のある情報を奪うために行われる詐欺行為。

イトである可能性に気づくことができるものである。例えば，フィッシングサイトへ誘導する攻撃メールのパターンの一つとして，権威を連想させる表示名でメールを発信する手口がある。メールの表示名が省庁であるにも関わらず送信元メールアドレスの末尾が「.go.jp」でない場合には，この手口である可能性が高い。攻撃メールは，本文の内容が「当該省庁からメールでそのような連絡が届くはずのない内容」である場合が多いので，内容だけで攻撃と判断できる場合も多いが，アドレスを確認することも判断をおおいに助ける。

### 1.4.2 任務の分離

役割分担を明確にして異なる任務を異なる主体に任せることを，**責務の分離**または**任務の分離** (separation of duties) という。相互チェックを効果的に機能させ，問題や被害の拡大を抑制し，適材適所の負荷分散を実現する効果がある。主体として考える単位は，組織，個人，装置，プログラム，プロセスなど，さまざまである。

任務の分離は，防御方式の開発と安全性評価にも適用できる。実際，設計時に見逃した脆弱性は解析時にも見逃しがちなので，設計者以外の技術者も評価に参加することが望ましい。ただし，同じ開発ミッションの別のフェーズを異なる主体に担当させる場合，首尾一貫性の原則を守らなければ正確な評価とならない。すなわち，首尾一貫性の原則を守ることによって，任務の分離による副作用を防止できる。

### 1.4.3 最小権限への制限

人や組織などの主体に必要以上の**権限** (privilege)† を与えないことを，**最小権限への制限**という。インシデントにつながる判断誤りや，好奇心による不正行為などを防ぐ効果がある。

例えば，大学が，一般的な用途で学生にパソコンを貸与する場合を考える。こ

† 英語を直訳して「特権」と呼ばれる場合も多いが，特別強大な権限という誤解を与えかねないので，本書では淡々と「権限」と呼ぶことにする。

の場合，学生にソフトウェアを自由にインストールする権限を与えるのは，十分な情報セキュリティ教育と情報通信倫理教育を完了していない限り危険である。例えば，勝手にファイル共有ソフトをインストールされると，不適切な共有や漏洩(えい)のきっかけとなる場合もある。

首尾一貫性の原則を守り，最小権限を正確に把握して，実際の設定や運用に反映させることが重要である。

### 1.4.4 ルーチン化

順序も含めよく練られた一連の処理（ルーチン）を守ることで，安全性を高められる場合がある。例えば，電子メールを送信する前に「宛先や同報先のアドレスを確認し，メーリングリストならば適切なリストかどうかも確認し，添付ファイルを確認する」という作業を必ず行うようルーチン化すれば，メール送信ミスによる情報漏洩の多くを防ぐことができる。より専門性の高い業務では，つぎのディジタルフォレンジックにおけるルーチン化が好例である。

インシデントへの対応や情報セキュリティに関わる法的紛争に際し，電磁的記録の証拠保全や調査分析を行う科学的な手法や取組みを総称して，**ディジタルフォレンジック** (digital forensic) という。証拠となる電磁的記録に対してだれがどの段階で完全性を確保する処理（例えばバックアップと電子署名生成）をどのように行うかなどについて，ルーチン化することが法的有効性の確保に役立つ。ただし，手続きの正当性，解析の正確性，そして第三者検証性を確保できるように電磁的記録を残す作業は，システムに少なからず負荷をもたらす。システム本来の要件を満たし，別の脅威に関する副作用†にも配慮してルーチン化するためには，首尾一貫性の原則を遵守して要求要件や適用範囲を正確に把握することが必須である。

† 例えば，被害拡大を防ぎ証拠保全をする意図で電源を切る作業を考えよう。この電源を切る作業自体に呼応して自動的に痕跡を消去するプロセスが実行されるマルウェアが仕組まれていたために，逆効果となってしまう場合がある。

### 1.4.5 情報セキュリティポリシー

ベストプラクティスを体系的に実践する重要な手法として，組織におけるさまざまなレベルでのルーチンや体制を含む規範を**情報セキュリティポリシー** (information security policy) として策定し，正式に文書化するというアプローチがある。技術的な事柄や個々の日常的業務の実施手順だけでなく，例えば年一回の情報セキュリティ講習受講義務を定めるなど，人材育成や体制整備に関係する定めや中長期的な取組みも，ポリシーに含まれる。

情報セキュリティを取巻く情勢は変化するので，情報セキュリティポリシーは，見直しも必要になる。この見直しもまた，三原則に留意しながらPDCAサイクルを回して実施すべき事柄である。少なくとも最初の計画段階では，情報セキュリティポリシーに関する指針として出されている国際標準や政府などによる公的基準の文書，あるいは，それぞれの業界の民間ガイドラインなどを利用できる†。さらに，適切にPDCAサイクルを経て内容が研ぎ澄まされ続ければ，それぞれの組織に適した規範が整備・保守される。

## 1.5 安全性評価

品質管理には，基準がある。そして，基準が満たされているかどうか，評価することが重要である。情報セキュリティの場合,「いかなる性質が，いかなる脅威に対して達成されているか」すなわち達成度と攻撃モデルの組で表現される基準を考える。これが，**安全性定義** (security notion) である。

例えば，暗号に対する攻撃モデルとしては，暗号文単独攻撃，選択平文攻撃，選択暗号文攻撃などがある。

† 指針の文書もまた，PDCAサイクルによる見直しの対象となる。実際,「政府機関の情報セキュリティ対策のための統一基準」は，2005年に初版が出されて以降，何度も改訂や微修正が行われている。それらの経緯をまとめた情報も含めて，内閣官房の**内閣サイバーセキュリティセンター** (**NISC**: National center of Incident readiness and Strategy for Cybersecurity) がホームページで文書を公開している。

**暗号文単独攻撃** (ciphertext-only attack)：攻撃者は，**暗号文** (ciphertext) を観測できるだけである。

**選択平文攻撃** (chosen-plaintext attack)：攻撃者は，暗号文と，その元になった情報である**平文** (plaintext) の組を観測できる。観測の際，攻撃者は平文を任意に選択し，**暗号化オラクル** (encryption oracle)[†]という理想化されたプロセスに「この平文を正しく暗号化した結果である暗号文を教えてください」と尋ねる**クエリ** (query) を送信し，暗号化オラクルからの応答により暗号文を知る。選択平文攻撃（あるいは選択平文攻撃を許された攻撃者）は，**CPA** と略記される。複数のクエリが許され，すでに済ませた別のクエリへの応答を踏まえつぎの平文を選択して新たなクエリを送信できる場合，特に**適応的選択平文攻撃** (adaptive chosen-plaintext attack) という。

**選択暗号文攻撃** (chosen-ciphertext attack)：暗号文を平文に戻す処理を，**復号** (decryption) という。攻撃者は，達成度を論じるやり取りで用いられない暗号文に限り，自由に暗号文を選択して，**復号オラクル** (decryption oracle) に「この暗号文の元になった平文を教えてください」と尋ねるクエリを送信し，復号オラクルからの応答により平文を知ることができる。選択暗号文攻撃（あるいは選択暗号文攻撃を許された攻撃者）は，**CCA** と略記される。複数のクエリが許され，すでに済ませた別のクエリへの応答を踏まえつぎの暗号文を選択して新たなクエリを送信できる場合，特に**適応的選択暗号文攻撃** (adaptive chosen-ciphertext attack) といい，適応的なクエリを出せるタイミングに制限を付けない場合には **CCA2** と略記される。

† オラクルとは，神託を意味する英語から付けられた用語であり，その内部構成（計算手順など）を考えない。本書の範囲では，当該の機能を効率的に（すなわち，扱うパラメータのサイズの多項式時間内の計算量で）実行する理想的なブラックボックスであると理解して構わない。神様を解剖してはならないのである。

暗号は，情報セキュリティ分野において，要素技術として秘匿だけでなくさまざまな用途に用いられる。ある暗号文を正しく平文に戻すことができて初めて実行できるプロセスを相手に課すことで何らかの認証機能を実現する場合，復号結果を反映した情報が観測される可能性がある。例えばそのようなシナリオの存在が，選択暗号文攻撃を考える理由の一つである。

また，暗号の達成度としては，一方向性や識別不可能性などがある。

**一方向性** (one-wayness)**：** 攻撃者に相対する挑戦者[†1]がランダムに選んだ平文を暗号化し，攻撃者へ送る。攻撃者は，平文のすべてのビットを推測する。多項式時間の計算能力を持ついかなる攻撃者に対しても，この推測が正しい確率が十分小さい場合,「一方向性が満たされている」という。一方向性は，略して，**OW** と略記される。なお，鍵のサイズを指定するパラメータ[†2]を $k$ として，ある攻撃アルゴリズム $\mathcal{A}$ による推測が正しい確率 $P_{\mathcal{A}\text{-ow}}(k)$ が「十分小さい」ということは

- 任意の正の定数 $b$ に対して,「$k > N$ ならば $P_{\mathcal{A}\text{-ow}}(k) < k^{-b}$ となる」ような自然数 $N$ が存在する

という意味である。

**識別不可能性** (indistinguishability)**：** 攻撃者は，二つの異なる平文を選択し，挑戦者へ送る。これらの平文をチャレンジと呼ぶ。挑戦者は，いずれか一方の平文をランダムに選んで暗号化し，攻撃者へ返送する。「どちらの平文を選んだのかを当ててみよ」という出題である。攻撃者は，どちらの平文が暗号化されたかを推測して解答する。この時，多項式時間の計算能力を持ついかなる攻撃者でも，ランダムな推測の正答率である50%よりも有意に高い確率で正しく推測できないならば,「識別不可能性が満たされている」という。識別不可能性は，略して，**IND** と略記さ

---

[†1] 挑戦という言葉を「防御者に挑戦する」というイメージで捉えて「挑戦者とは攻撃者のことだ」と勘違いしないこと。

[†2] セキュリティパラメータと呼ぶことが多い。

れる。なお，セキュリティパラメータを$k$として，ある攻撃アルゴリズム$\mathcal{A}$による推測が正しい確率$P_{\mathcal{A}\text{-ind}}(k)$が「50%よりも有意に高くない」ということは

- 任意の正の定数$b$に対して，「$k > N$ならば$P_{\mathcal{A}\text{-ind}}(k) - \frac{1}{2} < k^{-b}$となる」ような自然数$N$が存在する

という意味である。

公開鍵暗号の安全性定義としては，**図 1.2** のような IND-CCA2 がよく用いられる[†]。復号オラクルへのクエリとして，出題で用いられた暗号文を送ることは許されない。多項式時間の攻撃者を想定する時にはクエリの回数は（パラメータサイズの）多項式回に制限される。

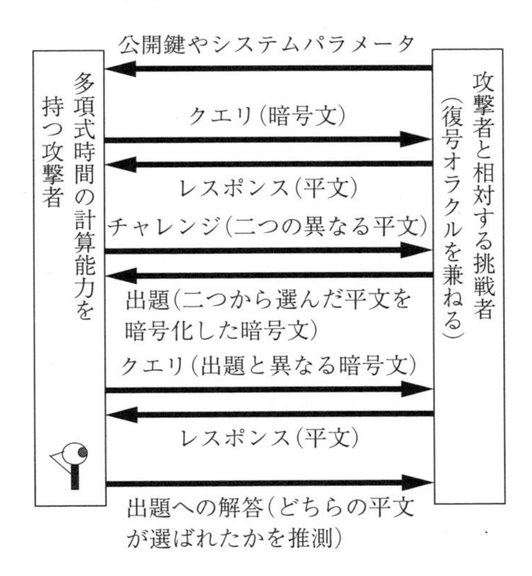


**図 1.2** 公開鍵暗号の IND-CCA2 を定義するゲーム

明確な安全性定義のもとで厳密な安全性評価が行われている情報セキュリティ技術は限られており，基礎として学ぶべき代表的な評価手法は，計算量的安全性証明，情報理論的安全性証明，形式検証の三つである。ただし，厳密ではな

† IND-CCA2 を単に IND-CCA と表記する場合もある。公開鍵暗号で IND-CCA2 を要求する意義の一つには，2 章の演習問題〔2.8〕で触れる。

い経験的な安全性評価においても安全性定義を意識した体系的な取組みが有効なので，厳密な安全性評価が困難だからといって「想定する攻撃モデルと，目指す達成度」の明示を怠るべきではない。

### 1.5.1 計算量的安全性

暗号理論においては，対偶を証明することによる安全性証明が重要な役割を果たしている。暗号の安全性を，なにか別の問題の困難性に帰着して証明したい場合の技法である。

帰着先の問題 A を，その問題で扱うパラメータのサイズの多項式時間内で解くことができないと仮定する。ある暗号 B が所定の安全性定義を満たすことを証明したい場合，「暗号 B を簡単に破る[†1]方法が存在するならば，問題 A をパラメータサイズの多項式時間で解ける」ことを示す。これは先の仮定に反し矛盾をもたらすので，背理法により，「暗号 B を簡単に破る方法は存在し得ない」と結論づける。「A を解けないならば B を破れない」ことを証明するために，「B を破れたら A を解ける」ことを示すのである。B を破る具体的な手順を思いつく範囲で記述し，その手順の途中に A を解くというプロセスがあることを指摘し，「A は解けないから B は安全だ」と主張するのではない。

このように，多項式時間内で解くことができるかどうかを論じている安全性証明を，計算量的安全性証明という[†2]。計算量的安全性に頼る暗号の場合，利用できる計算機の性能向上に伴って，実装で推奨されるパラメータの具体的なサイズ（例えば暗号で用いる鍵の長さ）が変化する。また，仮定を崩す技術革新があれば，その仮定を利用した安全性証明の意義が大きく損なわれる。

### 1.5.2 情報理論的安全性

例えば「信頼できる第三者機関 (**TTP**: trusted third party) との間に，守秘

---

[†1] **簡単に破る**とは，そのシステムで扱うパラメータのサイズの高々多項式時間の計算量で，安全性定義の定める攻撃者が目的を達成できることをいう。

[†2] 多項式時間内で解くことができることを「容易に解ける」といったり，多項式時間内で解けない問題を「(解くのが) 困難な問題」といったりする。

性，完全性，可用性のすべてで安全な通信路が存在するモデル」のように何らかのモデルを仮定し，そのモデルにおいて攻撃者が得られない情報量に依拠した安全性を証明すれば，無制限の計算能力を持つ攻撃者に対して安全性を主張できる。これが情報理論的安全性証明であり，モデルが崩れる運用ミスや実装ミスをしない限り，計算機の技術革新から深刻な影響を受けない。

例えば，平文に鍵を**ビットごとの排他的論理和** (bitwise exclusive OR)[†1]で足し合わせることにより暗号文を生成する暗号を考える。排他的論理和では 1 と 1 を足しても 0 と 0 を足しても結果は 0 なので，暗号化の際と同じ鍵を受信者が暗号文にビットごとの排他的論理和で足し合わせれば，平文に復号できる。複雑な非線形演算と比べ，非常に高速に動作する。

「秘匿性を保って平文と同じ長さの鍵を伝えられるならば，その鍵を伝える方法で平文を送ればよいのでは」と指摘したくなるかもしれない。しかし，「あらかじめ，環境が整っている時に鍵を共有しておき，将来環境が整っていない時でも安心して暗号化通信する」という利用方法を考えれば，その指摘は当たっていない。

鍵を $q$ ビットとし，この暗号の安全性をつぎの仮定のもとで考察しよう[†2]。

**仮定 1.1　ワンタイムパッドの理想的な利用環境**

- TTP が鍵を $\{0,1\}^q$ からランダムに等確率で選択する。
- TTP と暗号文の送信者の間に安全な通信路が存在し，その通信路を用いて，鍵があらかじめ送信者へ届けられる。
- TTP と暗号文の受信者の間に安全な通信路が存在し，その通信路を用いて，鍵があらかじめ受信者へ届けられる。
- 鍵は一度の暗号化通信で使い捨てる。

---

†1 繰上りを考えずビットごとに排他的論理和（0 と 0 の排他的論理和は 0，0 と 1 の排他的論理和は 1，1 と 0 の排他的論理和は 1，1 と 1 の排他的論理和は 0）を行う演算。この演算を記号 $\oplus$ で表すと，例えば，$11010100 \oplus 01000111 = 10010011$ である。

†2 **バーナム暗号** (Vernam cipher) または**ワンタイムパッド** (one-time pad) と呼ばれる。

暗号文が $c$ であるという条件のもとで平文が $m$ である条件付き確率を $\Pr(m|c)$ と表記すれば，任意の暗号文 $c$ と任意の平文 $m$ に対して

$$\Pr(m|c) \cdot \Pr(c) = \Pr(c|m) \cdot \Pr(m) \tag{1.1}$$

が成り立つ。$\Pr(m|c)$ も $\Pr(c|m)$ も鍵が $c \oplus m$ である確率に等しく，仮定 1.1 の第 1 項目によりその値は $2^{-q}$ である。また，すべての平文（$2^q$ 通り）に対してそれぞれ $\Pr(m)$ を考えそれらをすべて足し合わせれば 1 になる。よって，$c$ を固定し，式 (1.1) の両辺に関してすべての平文にわたる総和をとれば $2^q \cdot \Pr(c) = 1$ となり，$\Pr(c)$ の値も $2^{-q}$ であるとわかる。再び式 (1.1) に着目して，$\Pr(c) = 2^{-q}$ と $\Pr(c|m) = 2^{-q}$ を代入すれば

$$\Pr(m|c) = \Pr(m) \tag{1.2}$$

が得られる。したがって，つぎの定理が成り立つ。

---

**定理 1.1　ワンタイムパッドの情報理論的安全性**

ワンタイムパッドに対して暗号文単独攻撃を行う攻撃者が平文を正しく推測する確率は，暗号文を観測する前後で変化せず，任意の暗号文 $c$ と任意の平文 $m$ に対して条件付きエントロピー $\mathrm{H}(m|c)$ はエントロピー $\mathrm{H}(m)$ と等しい。これは，攻撃者の計算能力によらず成り立つ。

---

### 1.5.3 形　式　検　証

ICT システムのとり得る状態の個数は，ディジタルである限り有限であるが，定義次第できわめて膨大になる。陥ってはならない「悪い状態」や，辿ってはならない「悪い『状態の系列』」がある場合，実際の実行でそれらが起こり得るかどうかを検証する**形式的手法** (formal method) があれば，システムの評価に有効である。状態を一つ一つ手作業で網羅的に確認するのは非現実的であるが，数理論理学を利用して体系的に確認すれば現実的な時間で検証が終了する場合

がある。ソフトウェア開発などに利用されるこの手法（形式検証）を，情報セキュリティ分野でも安全性評価に利用できる。

**形式検証** (formal verification) による安全性証明では，数理論理学的に厳密に意味付けられた言語（形式仕様記述言語）を用いて評価対象のシステムとセキュリティ要件を記述し，そのセキュリティ要件が満たされるかどうかを検証する。具体的な検証方法としては，つぎの二種類がある。

**モデル検査** (model checking)：評価対象のシステムを状態遷移系でモデル化し，セキュリティ要件を**時相論理** (temporal logic)[†1]の論理式（時相論理式）で記述し，状態遷移系の状態を網羅的に探索して先の時相論理式が満たされるかどうかを検査する。満たされない状態を発見したら，その状態（安全性が損なわれた状態）へ至る実行系列を提示する。

**定理証明** (theorem prover)：評価対象のシステムとセキュリティ要件を公理などの論理式の集合として記述し，公理と推論規則に基づく証明を行う。

簡単な例として，教員と学生が一人一台ずつクライアント計算機を持ち，共用のデータベースサーバに接続するシステムを考えよう。データベース内は二階層に分かれ，それぞれで取り扱われる情報の機密性（セキュリティクラス）を表現するラベル（高い方から順に，High と Low）が付与されているとする。アクセスを許す情報の機密性に応じて主体もラベル付けし，教員のラベルを High，学生のラベルを Low とする。これに合わせ，教員の計算機にはラベルとして High，学生の計算機にはラベルとして Low を付与する。

このシステムを NRU および NWD の二つのポリシーに従って運用するならば，数理論理学的にいくつかの安全性定理を証明できる[†2]。

---

†1　状態の遷移や時間の経過との関連でシステムの性質を表現する論理体系を時相論理という。例えば，「プロセス Z は，いずれ必ず終了する」などを表現できる。

†2　1970 年代前半に米国防総省の多階層セキュリティを一般の計算機システムに実現すべく開発された Bell-LaPadula モデルに倣って，NRU を**単純セキュリティ特性** (simple security property)，NWD を ***-特性** (*-property) と呼んでもよい。

**NRU** (no read-up)**：図 1.3** のように，対象 X のラベルが主体 Y のラベルよりも低いか同じ場合のみ，X から Y への読出しを許す。

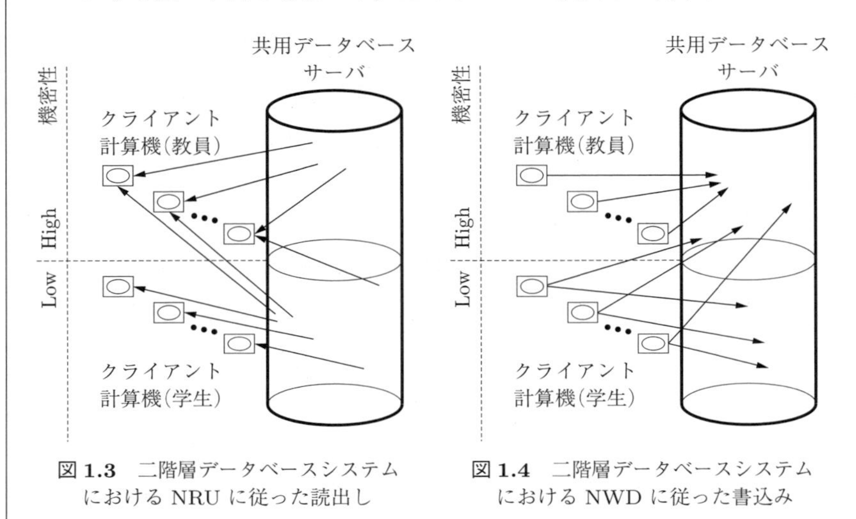


**図 1.3**　二階層データベースシステムにおける NRU に従った読出し

**図 1.4**　二階層データベースシステムにおける NWD に従った書込み

**NWD** (no write-down)**：図 1.4** のように，主体 Y のラベルが対象 X のラベルよりも低いか同じ場合のみ，Y から X への書込みを許す。

例えば，初期状態で機密性が保たれていれば（Low とラベル付けされた主体が High とラベル付けされた情報を知らなければ），そのシステムではその後も機密性が保たれる。この定理自体は自明に思われるかもしれないが，モデルの拡張をすれば（例えば，さらにポリシーを付け加えた上で，システム動作中にセキュリティレベルを変更することを許すモデルを考えれば），数理論理学的な取扱いがよりいっそう威力を発揮する。

システムの状態を，記憶領域の全ビットで表現すると，きわめて膨大な数の状態がある。しかし，運用ポリシーやセキュリティ要件は，個々の状態に逐一言及するのではなく，何らかの体系化を経て記述できる。この記述を数理論理学で厳密に扱い，安全性を検証する。

### 1.5.4 経験的安全性

厳密な安全性証明ができない場合，**経験的安全性** (heuristic security) に頼る。攻撃の具体的な環境や手順を検討し，つぎのいずれかの評価手法をとる。

**経験的論証** (heuristic argument)：検討したどの攻撃でも，途中に実行困難なプロセスがあることを指摘する。

**実験的評価** (experimental evaluation)：検討した攻撃を試す実験を行い，評価指標が満足な値であることを確かめる。

新しい攻撃方法を含めて広く検討すれば，一般には知られていないという意味で未知の攻撃に対する評価も，ある程度可能である。しかし，評価者が強力な攻撃を思いつかなかっただけかもしれないので，安全性の証明にはならない。

実験的評価では，注意すべき点が二つある。

第一に，研究中で未発表の技術を評価する実験における攻撃データとして，実環境で観測したものを用いる場合，一般化したケルクホフスの原則を満たせない。評価対象の技術が未発表なので，その技術を知った上で工夫してくる攻撃者からの攻撃を反映したデータではないからである。

第二に，評価指標の定義について，明示性の原則を守らなければならない。例えば，「防御できる確率が 80%」と主張する場合，「強力な攻撃を受ければ絶対に破られるが，攻撃がそのように強力なものである割合が 20%である」という意味かもしれないし，あるいは「いかなる攻撃でも，その成功率が 20%である」という意味かもしれない。実験的評価では何らかのレートで評価結果を表現することが多いが，そのレートがいかなる意味でのレートなのかを詳細に定義しなければ，真に役立つ情報とはならない。また，レートの定義を記述する用語も，曖昧であってはならない。

## 演習問題

〔**1.1**〕 情報セキュリティの基本要素である「守秘性」「完全性（または真正性）」「可用性」「サービスに固有の信頼関係」の一つを高めると，別の基本要素の妨げとなる場合がある。そのようなトレードオフの例を一つ挙げよ。

〔**1.2**〕 技術的対策だけでなく情報セキュリティ管理体制も含めてPDCAサイクルを適切に実践する体系を，**情報セキュリティマネジメントシステム**（**ISMS**: information security management system）という。図**1.5**は，組織のISMSが国際規格に適合しているかどうかを評価する制度を表している。それぞれの機関の役割は，以下のとおりである。この制度の特徴を，情報セキュリティの三原則に照らして考察せよ。

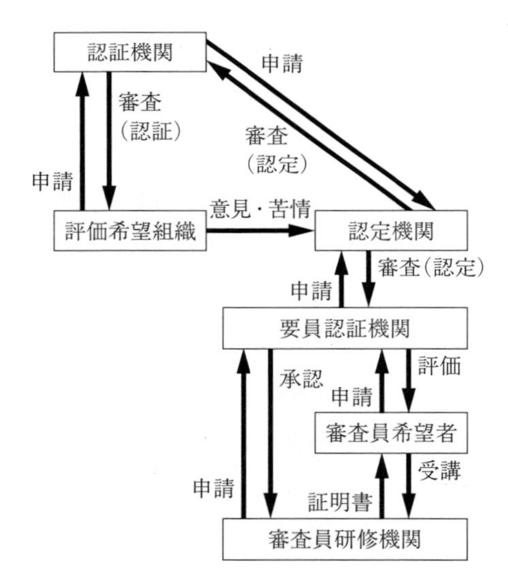


図**1.5**　ISMS適合性評価制度

**認証機関**：　評価希望組織からの申請を受け，ISMSの国際規格で定められた要求事項が満たされているかどうかを審査（認証）する。

**認定機関**：　認証機関からの申請を受け，審査業務実施主体としての適格性を審査（認定）する。また，要員認証機関からの申請を受け，審査員希望者の評価業務や審査員研修機関の承認業務を実施する主体としての適格性を審査（認定）する。評価希望組織は，認定機関へ意見や苦情を直接伝えることができる。

**要員認証機関**：　審査員希望者からの申請を受け，審査員としての適格性を評価する。また，審査員研修機関からの申請を受け，研修を実施する主体として承認する。

**審査員研修機関：**　審査員希望者の研修を実施し，修了者に証明書を発行する。

〔**1.3**〕 ある組織の情報セキュリティポリシーを定めた文書に，つぎの条文が含まれている。この条文について，代表的なベストプラクティスの観点で考察せよ。

- 業務上の電子メールを送受信する時には，つぎの四つを遵守しなければならない。
  (1) 業務用に配備された計算機にインストール済みの所定の電子メールソフトウェアを使わなければならない。
  (2) 電子ファイルを添付して送信する時には，十分な強度のパスワードで電子ファイルを保護してから添付しなければならない。また，パスワードを宛先に伝える手段としては，その電子ファイルを添付した電子メールではなく，別の電子メールの本文に記載して伝えなければならない。
  (3) 前項に定めた添付ファイル付きの電子メールとパスワードを伝える電子メールは，必ず，直属の上長かまたはそれに代わる者に Bcc で同報しなければならない。
  (4) 前項に定めた Bcc の同報メールを受信した者は，ただちに，適切なパスワードで電子ファイルが保護されていたことを確認しなければならない。確認して問題があった場合には，ただちに，組織の情報セキュリティ管理部門へ届け出なければならない。

〔**1.4**〕 図 1.2 は，安全性定義 IND-CCA2 を「挑戦者が復号オラクルの役割も果たす」という設定で描かれている。「挑戦者以外が復号オラクルの役割を果たす」とした場合との違いを論ぜよ。

〔**1.5**〕 NRU-NWD のポリシーで運用している図 1.3，図 1.4 のようなシステムにおける，利便性の観点での問題を一つ指摘せよ。

〔**1.6**〕 スパムメールを検知するフィルタの実験的評価において，二つの評価指標がつぎのように定義されているとする。

**偽陰性率 (FNR**: false negative rate)**：**　スパムメールであるにも関わらず検知できず見逃してしまう確率

**偽陽性率 (FPR**: false positive rate)**：**　スパムメールでないにも関わらず誤ってスパムメールだと判定してしまう確率

これらの定義で不十分な点を指摘せよ。

# 2章 暗　号

### ◆本章のテーマ

暗号は，理論的体系化が進んでいる。本章の内容として，防御側の視点では，厳密な安全性証明の例を学び，経験的な安全性評価との違いを理解する。攻撃側の視点では，単に聞き耳を立てるだけではない攻撃の例を学び，受動的な攻撃だけでなく能動的な攻撃にも備えるべきであることを理解する。ユーザの視点では，暗号の動作モードを学び，要素技術の使い方次第でシステムの性質が変わることを理解する。以上三つを総合して，情報セキュリティ技術とその評価が繊細であることを知り，専門性に欠ける直感に頼るのは危険だと理解することが，本章の目的である。

### ◆本章の構成（キーワード）

2.1　暗号の使い方
　　暗号プリミティブ，プロトコル，チャレンジ・レスポンス
2.2　共通鍵暗号
　　ブロック暗号，**DES**，差分攻撃，動作モード
2.3　暗号学的ハッシュ関数
　　一方向性，衝突発見困難性，メッセージ認証子，**Merkle-Damgård** 構成
2.4　公開鍵暗号
　　**RSA** 暗号，暗号スキーム，ランダムオラクル，**OAEP**，**KEM-DEM**
2.5　電子署名
　　**RSA** 署名，電子署名スキーム，**PSS**，否認不可

### ◆本章を学ぶと以下の内容をマスターできます

☞　暗号要素技術（プリミティブ）の分類と基本的な使い方
☞　現代暗号に対する能動的な攻撃
☞　帰着による安全性証明の実際
☞　公開鍵暗号と電子署名の安全性強化

## 2.1 暗号の使い方

図 **2.1** は，守秘を目的とした暗号の基本的な使い方である。守秘性を守って送信（または守ったまま保存）したい情報を，**平文** (plaintext) という。平文と**暗号化鍵** (encryption key) を入力とし，送信（または保存）する**暗号文** (ciphertext) を出力する処理を，**暗号化** (encryption) という。また，暗号文と**復号鍵** (decryption key) を入力とし，平文を出力する処理を，**復号** (decryption) という。そのシステムで扱うことのできる平文すべてから成る集合を**平文空間** (plaintext space) といい，同じく暗号文すべてから成る集合を**暗号文空間** (ciphertext space) という。

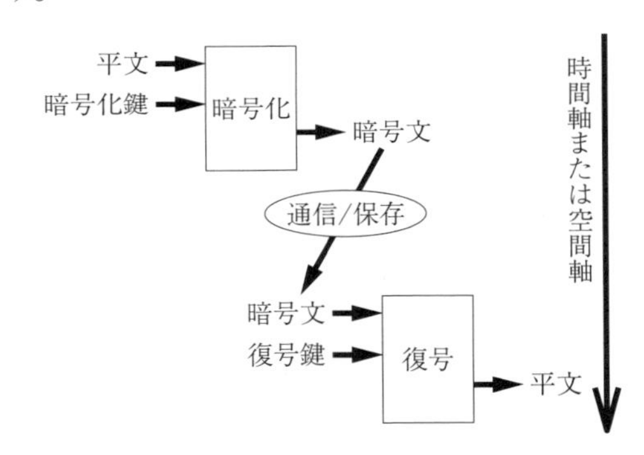


図 **2.1** 守秘を目的とした暗号の基本的な使い方

暗号化鍵と復号鍵が同じかあるいは相互に導出が容易である場合，その暗号を**共通鍵暗号** (symmetric-key encryption) といい，鍵の秘匿性を保つ管理が重要となる。この鍵を，**秘密鍵** (secret key あるいは private key) と呼ぶ。暗号化鍵と復号鍵が異なり，暗号化鍵から復号鍵（のすべて）を導出することが困難で，復号鍵（のすべてまたは一部）は秘密に保つが暗号化鍵（のすべて）は公開して使う暗号を，**公開鍵暗号** (public-key encryption) という。暗号化鍵を**公開鍵** (public key)，復号でのみ使う鍵を秘密鍵と呼び，両者の間には何らかの数学的な関係がある。公開鍵の一部は，復号でも用いられる場合がある。秘密鍵の秘匿性を保つ管理が重要であることはいうまでもないが，公開鍵にも重要な管理項目がある。すなわち，その公開鍵がだれを受信者あるいは開封者と想定して使うべき公開鍵なのか，対応関係を保証する仕組み[†1]が重要となる。

暗号化通信では，距離を隔てた先の地点で復号する正当な受信者がおり，その受信者以外には平文を知られないよう守秘性を守る必要がある。暗号化保存では，時間を隔てた先の時点で復号する正当な開封者がおり，その開封者以外には平文を知られないよう守秘性を保つ必要がある。ただし，現在の実際の暗号は，具体的なアプリケーションで意味のあるデータを暗号化通信したり暗号化保存したりする単純な守秘目的で使われるだけでなく，複雑なプロトコル[†2]の中で要素技術，部品として使われることも多い。

例えば，図**2.2**のようにクライアントがサーバを認証するプロトコルを考えよう。両者は，共通鍵暗号の秘密鍵を事前に共有しておく。クライアントは，乱数$R$を生成して暗号化し，**チャレンジ** (challenge) としてサーバへ送る。サーバは，秘密鍵で復号した$R$を用いた所定の処理を行い，結果を**レスポンス** (response) としてクライアントへ返す。クライアントは，レスポンスを検証し，相手が秘密鍵を共有した相手かどうか確かめる。なお，乱数$R$をレスポンスとして返すプロトコルには，それをインターセプトして悪用する攻撃があり得る。また，通信路上の第三者に平文と暗号文の組を観測させることになるのも望ましくない。さらにほかにも問題があり，プロトコルに工夫を加えなければ実用には堪

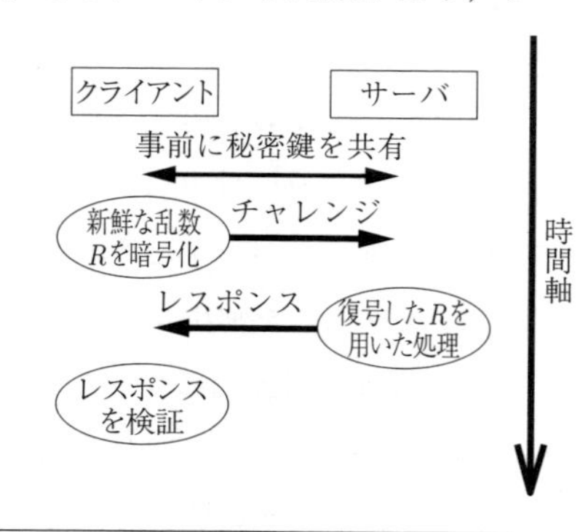


**図 2.2**　チャレンジ・レスポンス型の認証プロトコル

---

†1　本書では 3 章の 3.4.1 項で学ぶ。

†2　**プロトコル**とは，複数の主体が対象となる一連の作業を実行する手順について定めた規約のことであり，元来は人と人とのやり取りに関して使われていた用語である。転じて，情報通信分野で，人に限らず計算機やソフトウェア，プロセスなどの間のやり取り・作業手順に関する取決め（通信規約）の意味で用いられるようになった。

えない。いずれにせよ，暗号は，「ある秘密を知っている者しかなし得ない対応をしたかどうか」をチェックする目的で，部品として利用されている。

暗号の用途は広いが，2章[†1]では，基本を学ぶ目的で，特に断らない限り暗号化通信のシナリオで論を進める。なお，共通鍵暗号では，暗号化通信をする任意の二者間でそれぞれ秘密鍵を共有しておく必要がある。よって，特に不特定多数の相手と暗号化通信をする可能性のある大きな基盤的システムでは，公開鍵暗号の存在意義が大きい。

## 2.2 共通鍵暗号

一般に，1ビットずつ暗号化する暗号を**ストリーム暗号** (stream cipher) という。ワンタイムパッドはストリーム暗号の一種と見なせるが，鍵を共有するためのコストが高い。そこで，適度に短い秘密鍵を共有し，その秘密鍵から十分長い擬似乱数系列を生成して鍵とする使い方が一般的である。この擬似乱数系列生成方法と合わせて，ストリーム暗号と呼ぶこともある。

ストリーム暗号とは異なり，平文を一定の長さのまとまり（ブロック）ごとに暗号化する共通鍵暗号を，**ブロック暗号** (block cipher) と呼ぶ。多くの場合，平文の各ブロックの長さ（ブロック長）と暗号文のブロック長は等しいが，鍵の長さ（鍵長）はブロック長と同じとは限らない。平文のブロック長と暗号文のブロック長が等しければ，多重に暗号化する実装や，ブロック長よりも長い平文を処理する際の動作モード[†2]の設計が容易になる。本書では，以降，平文と暗号文のブロック長は等しいとして説明を進める。

ブロック暗号の安全性評価はおおむね経験的であるが[†3]，代表的な攻撃に対

†1 ここで学ぶ共通鍵暗号，ハッシュ関数，公開鍵暗号，電子署名などを要素技術という意識で語る際には，**暗号プリミティブ** (cryptographic primitive) という。ただし，狭義には，2.4.3項や2.5.3項のように安全性強化をする前の公開鍵暗号アルゴリズムや電子署名アルゴリズムなどのことを，プリミティブと呼ぶ場合もある。

†2 2.2.3項を参照。

†3 ただし，具体的な統計的性質に関する証明を伴う場合に，証明可能安全性という言葉を用いることもある。

する統計的性質を評価指標に含めるなどして，体系的に設計することが必要である。

### 2.2.1 DES

〔1〕 **歴史と位置づけ**　**DES** (data encryption standard) は，1970 年代に米国で標準化されたブロック暗号である。ブロック長は 64 ビットで，鍵長は 56 ビットであり，20 年以上使われた。現在の攻撃者に想定すべき計算能力に対してブロック長と鍵長が短過ぎるなど，いくつかの理由ですでに後継の暗号に標準の座を譲っているが，DES を学べばブロック暗号の基本がかなり身につく。

〔2〕 **鍵スケジューリング**　送信者と受信者は，56 ビットの鍵 $K$ から，それぞれが 48 ビットのラウンド鍵と呼ばれる系列 $K_1, K_2, \cdots, K_{16}$ を生成する。その生成方法を**鍵スケジューリング** (key scheduling) と呼び，各 $K_j$ は 56 ビットの $K$ から 48 ビットを選択して並べ替えれば得られる。

ビット列を同じビット長のデータへ並べ替えることを**転置** (permutation) と呼び，例えば，4 ビットの転置 $\mathrm{P}_{4\to4}$ を「出力の第一ビット（最も左のビット）には入力の第三ビットをコピーし，同じく第二ビットには第四ビットを，第三ビットには第二ビットを，第四ビットには第一ビットをコピーする」と定めれば，$\mathrm{P}_{4\to4}(1010) = 1001$ である。この定めは，**表 2.1** のように表記できる。入力の各ビットのうち，出力の複数箇所へコピーするものがあれば，データのサイズを拡大でき，このような拡大を伴う並べ替えを**拡大転置** (expansion permutation) と呼ぶ。

**表 2.1**　4 ビットの転置の例

| 3 | 4 | 2 | 1 |
|---|---|---|---|

**表 2.2**　4 ビットから 6 ビットへの拡大転置の例

| 3 | 3 | 4 | 2 | 1 | 1 |
|---|---|---|---|---|---|

例えば，表 2.1 と同様の表記方法で**表 2.2** のように定めた拡大転置 $\mathrm{E}_{4\to6}$ では，4 ビットの入力から 6 ビットの出力が得られ，$\mathrm{E}_{4\to6}(1010) = 110011$ となる。このように表で定めるならば 768 個の要素を持つ大きな表が必要になりそ

うであるが，DESの鍵スケジューリングは，よりコンパクトな表現が可能な操作の組合せになっており，効率的に実装できる。

〔**3**〕 **暗号化**　まず，64ビットの平文 $m$ を，転置IPで並べ替える。IPを**初期転置** (initial permutation) と呼び，出力の左半分の32ビットを $L_0$，右半分を $R_0$ と記す。すなわち $L_0 \| R_0 = \mathrm{IP}(m)$ である[†1]。さらに，**図2.3**に示す構造（発明者にちなんで**Feistel構造**という）の変換を16回繰り返す。この各回を**ラウンド** (round) と呼び，第 $j$ ラウンドにはラウンド鍵 $K_j$ が供給され，$L_{j-1} \| R_{j-1}$ が $L_j \| R_j$ に変換される[†2]。最終ラウンドの出力にIPと逆の並べ替え（最終転置）を施した $\mathrm{IP}^{-1}(L_{16} \| R_{16})$ が暗号文 $c$ である。各ラウンドは

$$L_j = R_{j-1}, \quad R_j = L_{j-1} \oplus f(K_j; R_{j-1}) \qquad (j = 1, 2, \cdots, 16)$$

と記述できる。$f(K_j; R_{j-1})$ は，一つ前のラウンドの出力の右半分を入力としてラウンド鍵による制御のもとで32ビットの出力を出す非線形関数である。図**2.4**のように構成され，***f*** **関数** ($f$ function) と呼ばれている。

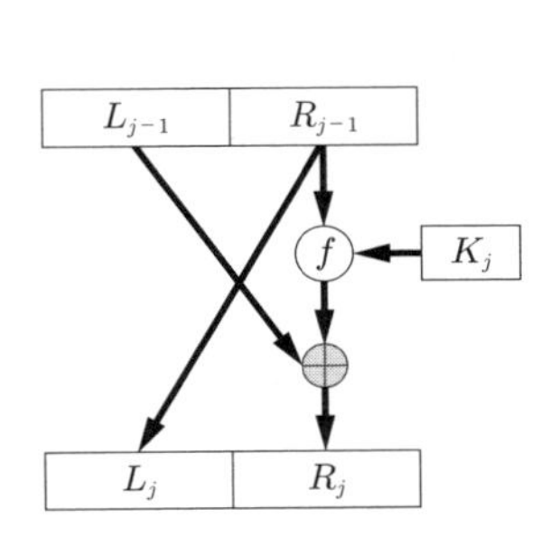


図**2.3**　DESの各ラウンドを規定するFeistel構造

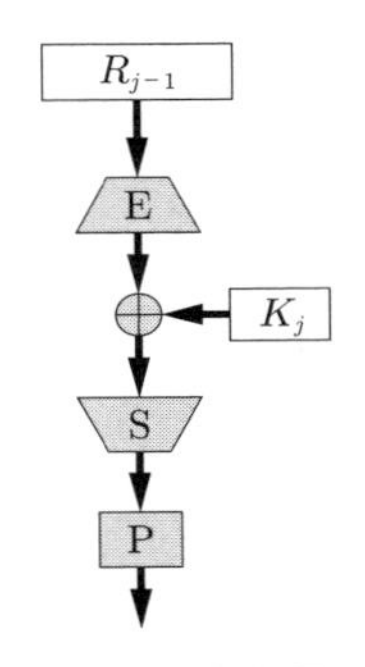


図**2.4**　DESのFeistel構造で使われる $f$ 関数

---

†1　記号 $\|$ は**連結** (concatenation) と呼ばれ，二つのビット列を並べて一つのビット列と見なすことを意味する（例: $1010 \| 0001 = 10100001$）。

†2　本書執筆時点でのDESの後継暗号は，ブロック長が128ビットの**AES** (advanced encryption standard) である。AESの鍵長は，128ビット，192ビット，256ビットから選択できる。転置などを駆使したラウンドを繰り返し，各ラウンドにラウンド鍵を供給するという考え方はDESと共通している。詳細は本書の範囲を超えるが，AESは処理の並列度が高く，実装への配慮が多く施されている。

$$f(K_j; R_{j-1}) = \mathrm{P}(\mathrm{S}(\mathrm{E}(R_{j-1}) \oplus K_j))$$

E は 32 ビットから 48 ビットへの拡大転置，P は 32 ビットの転置である。S は **S 箱**（S-box または substitution box）と呼ばれ，6 ビットの入力を 4 ビットの出力に変換する $\mathrm{S}_1, \mathrm{S}_2, \cdots, \mathrm{S}_8$ から成る。S への入力を先頭から 6 ビットずつ $x_1, x_2, \cdots, x_8$ とすれば

$$\mathrm{S}(x_1 \| x_2 \| \cdots \| x_8) = \mathrm{S}_1(x_1) \| \mathrm{S}_2(x_2) \| \cdots \| \mathrm{S}_8(x_8)$$

と書ける。例えば $\mathrm{S}_1$ は，**表 2.3** のように規定されている。

**表 2.3**　DES の $f$ 関数における一つ目の S 箱

| | | | | | | | | | | | | | | | |
|---|---|---|---|---|---|---|---|---|---|---|---|---|---|---|---|
| 14 | 4 | 13 | 1 | 2 | 15 | 11 | 8 | 3 | 10 | 6 | 12 | 5 | 9 | 0 | 7 |
| 0 | 15 | 7 | 4 | 14 | 2 | 13 | 1 | 10 | 6 | 12 | 11 | 9 | 5 | 3 | 8 |
| 4 | 1 | 14 | 8 | 13 | 6 | 2 | 11 | 15 | 12 | 9 | 7 | 3 | 10 | 5 | 0 |
| 15 | 12 | 8 | 2 | 4 | 9 | 1 | 7 | 5 | 11 | 3 | 14 | 10 | 0 | 6 | 13 |

表 2.3 における 16 個の列を左から順に第 0 列，第 1 列，…，第 15 列と呼ぶことにし，同じく 4 個の行を上から順に第 0 行，第 1 行，第 2 行，第 3 行と呼ぶことにする。そして，入力の先頭と末尾のビットから成る 2 ビットのデータを十進数で読んだものを $i$，先頭と末尾を除いた残りの 4 ビットのデータを十進数で読んだものを $j$ とし，第 $i$ 行・第 $j$ 列の要素を二進数で表記したものを出力する†1。$\mathrm{S}_2$ 以降も同様に定められている†2。

〔**4**〕 **復　号**　　暗号文 $c$ を受信した受信者は，初期転置，16 ラウンドの処理，そして最終転置を経て，つぎのように平文 $m$ を復号できる。暗号化と復号で $f$ 関数は共通なので，実装する際に便利である。

†1　例えば，$\mathrm{S}_1(101000)$ は，第 2 行（二進数の 10 は十進数の "2"）・第 4 列（二進数の 0100 は十進数の "4"）の箇所に記されている "13" を二進数で表記して 1101 である。同様に，$\mathrm{S}_1(110001) =$ "5" $= 0101$ となる。

†2　本書にはすべては載せないが，IP, E, $\mathrm{S}_1$, $\mathrm{S}_2$, …, $\mathrm{S}_8$, P, そして鍵スケジューリングはすべて公開されている。DES の安全性は，方式ではなく鍵を秘密にすることで確保するという立場が取られた。この立場は現在の標準暗号でも変わらない。

$$L_{16}\|R_{16} = \mathrm{IP}(c) \tag{2.1}$$

$$L_{j-1} = R_j \oplus f(K_j; L_j) \qquad (j = 16, 15, \cdots, 1) \tag{2.2}$$

$$R_{j-1} = L_j \qquad (j = 16, 15, \cdots, 1) \tag{2.3}$$

$$m = \mathrm{IP}^{-1}(L_0\|R_0) \tag{2.4}$$

DESが「所定の手順で復号すると確かに元の平文に戻る」という意味での**健全性** (soundness) を満たしていることの基礎は，式 (2.2) にある。$1 \oplus 1 = 0 \oplus 0 = 0$ なので，同じ系列をビットごとの排他的論理和で足し合わせると打ち消し合ってゼロが並ぶ系列になる。Feistel 構造におけるビットごとの排他的論理和がそのような特徴を持ち，送信者と受信者が同じ秘密鍵を共有している（よって，「秘密鍵を持っているからこそ生成できる同じ系列」を生成しやすい）ことが，確かな復号の仕組みを支えている。

### 2.2.2 差 分 攻 撃

ここでは，攻撃者がクエリを選択するような攻撃を実感するため，また，DES の設計指針を理解するために，選択平文攻撃の一種である差分攻撃を学ぶ。ただし，簡単のため，初期転置と最終転置を省略し，3 ラウンドから成る簡略版の DES を攻撃対象とする。すなわち，暗号化が

$$L_0\|R_0 = m \tag{2.5}$$

$$L_j = R_{j-1} \qquad (j = 1, 2, 3) \tag{2.6}$$

$$R_j = L_{j-1} \oplus f(K_j; R_{j-1}) \qquad (j = 1, 2, 3) \tag{2.7}$$

$$c = L_3\|R_3 \tag{2.8}$$

であり，つぎのように復号するものを攻撃する。

$$L_3\|R_3 = c \tag{2.9}$$

$$L_{j-1} = R_j \oplus f(K_j; L_j) \qquad (j = 3, 2, 1) \tag{2.10}$$

$$R_{j-1} = L_j \qquad (j = 3, 2, 1) \tag{2.11}$$

$$m = L_0 \| R_0 \tag{2.12}$$

選択平文攻撃では，平文を変化させて，対応する暗号文の変化を観測できる。暗号化が理想的ならば，平文をどう変化させてもそれに対応する暗号文の変化（差分）の傾向は一定であって欲しい。一定でなければ，観測結果から平文に関する情報が得られる可能性があるからである。より一般に，攻撃に有利なように巧みに選択した複数の平文をクエリとしてそれらへの応答を観測し，暗号文やそのほか暗号化過程の各所に現れる数値の変化に着目して秘密鍵を特定するための情報を得る選択平文攻撃を**差分攻撃** (differential attack) という。

いま考えている簡略版の DES に対する差分攻撃の手順は，つぎのとおりである。

① 左半分が異なり右半分が等しい平文の組 $m = L_0 \| R_0$ と $m^* = L_0^* \| R_0$ を用意し，クエリとして暗号化オラクルへ送る。なお，右肩の印 $*$ は，何らかの演算を表すのではなく，その印を付けていないものとは異なる値であることを示しているだけである。

② オラクルからクエリへの応答を得る。$m$ に対する応答を $c = L_3 \| R_3$ と表記し，$m^*$ に対する応答を $c^* = L_3^* \| R_3^*$ と表記することにする。右肩の印 $*$ は，何らかの演算を表すのではなく，$m^*$ を処理した際に出てくる値であることを意味している。同じく，$m^*$ を処理した際に各ラウンドで出てくる値を $L_1^* \| R_1^*$, $L_2^* \| R_2^*$ と表記することにする。

③ $\mathrm{P}^{-1}\left((R_3 \oplus R_3^*) \oplus (L_0 \oplus L_0^*)\right)$ を計算すると，第 3 ラウンドの S 箱の出力差分（「$m$ を暗号化した際の第 3 ラウンドの S 箱の出力」と「$m^*$ を暗号化した際の第 3 ラウンドの S 箱の出力」との間でビットごとの排他的論理和をとったもの）になっている。これを先頭から 4 ビットごとに区切れば，それぞれ，$\mathrm{S}_1, \mathrm{S}_2, \cdots, \mathrm{S}_8$ の出力差分になっている。

④ $\mathrm{E}(L_3) \oplus \mathrm{E}(L_3^*)$ を計算する。この結果は，第 3 ラウンドの S 箱の入力差分（「$m$ を暗号化した際の第 3 ラウンドの S 箱への入力」と「$m^*$ を暗号化した際の第 3 ラウンドの S 箱への入力」との間でビットごとの排他

的論理和をとったもの）になっている。この結果を先頭から 6 ビットごとに区切れば，それぞれ，$S_1, S_2, \cdots, S_8$ の入力差分になっている。

⑤ 第 3 ラウンドの $S_1$ に関して，ステップ ④ で得られた入力差分をもたらす入力の組（$2^6$ 組）をすべて書き出す。例えば，入力差分が 101000 であった場合には，(101000, 000000), (101001, 000001), (101010, 000010), (101011, 000011), $\cdots$, (010111, 111111) を書き出す。

⑥ ステップ ⑤ で書き出したすべてに対して，実際に $S_1$ へ入力して出力を求め，出力差分を求める。例えば，入力差分 101000 が入力の組 (101000, 000000) でもたらされた場合の出力差分は $S_1(101000) \oplus S_1(000000) = 1101 \oplus 1110 = 0011$ となる。こうして，ステップ ③ で得られた出力差分をもたらす入力の組をすべて見つけ，列挙する。

⑦ ステップ ⑥ で列挙した組に含まれる各入力に対して，$E(L_3)$ の先頭 6 ビットをビットごとの排他的論理和で加える。

⑧ ラウンド鍵 $K_3$ の先頭 6 ビットは，ステップ ⑦ で得られたもののいずれかに等しい。こうして，$K_3$ の先頭 6 ビットの候補の集合が得られる。

⑨ $m$ と $m^*$ を選び直し，再びステップ ①〜⑧ を実行する。$K_3$ の先頭 6 ビットとして真の値は，それまでの実行で得られた候補の集合と，いまの実行で得られた候補の集合の両方に含まれている。こうして候補の集合の共通部分をとり，まだ候補が一つに絞り込まれていなければ，さらに $m$ と $m^*$ を選び直し，再びステップ ①〜⑧ を実行する。繰り返すうちに，候補は一つとなる。すなわち，$K_3$ の先頭 6 ビットがわかる。

⑩ $S_2, S_3, \cdots, S_8$ にも同様の手順を適用し，$K_3$ の全ビットを求める。

⑪ ステップ ⑩ の結果，56 ビットの鍵のうち 48 ビットがわかったので，残りの 8 ビットを全数探索で定める。可能性のある $2^8$ 個の鍵候補でクエリを暗号化し，応答と照合すればよい。

### 2.2.3 ブロック暗号の動作モード

暗号化したい平文がブロック長に収まることは稀（まれ）である。そのため，ブロック暗号では，何らかの繰り返し処理で任意に長い平文を暗号化する**動作モード** (mode of operation) が考えられている。ここでは，鍵 $K$ によるブロック暗号の暗号化を $E_K$，復号を $D_K$ と表記し，代表的な動作モードを見ていく。また，長い平文をブロック長で区切った系列（平文系列）を $m_1, m_2, \cdots$ とし，暗号化後に送信する系列（暗号文系列）を $c_1, c_2, \cdots$ とする。

〔**1**〕 **ECB** (electronic codebook) **モード** 図**2.5** のように，平文系列をブロック長ごとに単純に一つ一つ暗号化する。すなわち，送信者側の処理は

$$c_j = E_K(m_j) \qquad (j = 1, 2, \cdots) \tag{2.13}$$

であり，受信者側の処理は

$$m_j = D_K(c_j) \qquad (j = 1, 2, \cdots) \tag{2.14}$$

である。通信路上でビットが反転するエラーが発生すると，そのビットを含むブロックの復号結果に影響が出るが，ほかのブロックには影響しない。ブロックの順序が変わって届いたとしても，届いたブロックから順次復号できる。同じ平文系列を同じ鍵で暗号化すると，必ず同じ暗号文系列になる。

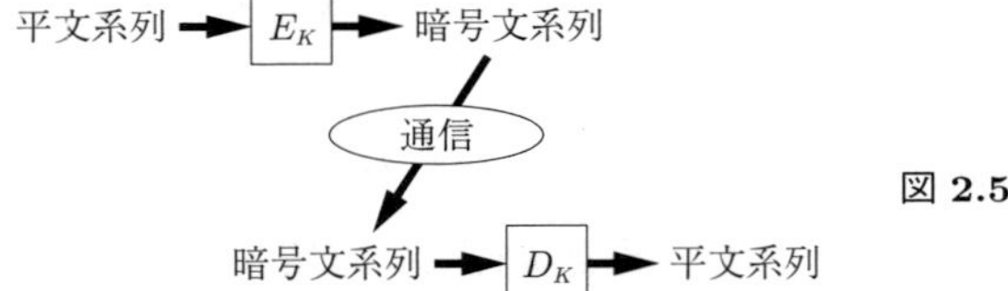


**図 2.5** ブロック暗号を ECB モードで動作させた暗号化通信

〔**2**〕 **OFB** (output feedback) **モード** 送信者と受信者は，秘密鍵 $K$ だけでなく，ブロック長と同じサイズのレジスタの初期値を共有しておく。この初期値を**初期ベクトル** (initial vector) と呼び，$IV$ と記す。送信者側でも受信者側でも，図**2.6** のように，$E_K$ が出力する系列をストリーム暗号の鍵系列のように利用する。

送信者側の処理は

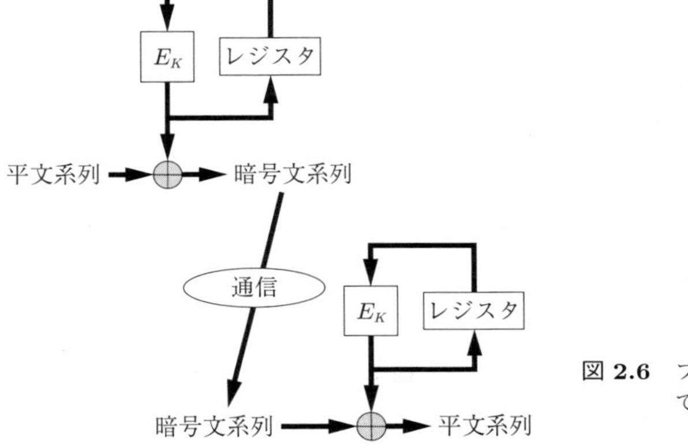


図 2.6 ブロック暗号を OFB モードで動作させた暗号化通信

$$x_0 = IV, \quad x_j = E_K(x_{j-1}) \qquad (j = 1, 2, \cdots) \tag{2.15}$$

$$c_j = m_j \oplus x_j \qquad (j = 1, 2, \cdots) \tag{2.16}$$

であり，受信者側の処理は

$$x_0 = IV, \quad x_j = E_K(x_{j-1}) \qquad (j = 1, 2, \cdots) \tag{2.17}$$

$$m_j = c_j \oplus x_j \qquad (j = 1, 2, \cdots) \tag{2.18}$$

である。通信路上でビットが反転するエラーが発生すると，そのブロックの当該ビットの復号結果にビット反転エラーが入るが，ほかには影響しない。ブロックの順序が変わって届いたとしても，届いたブロックから順次復号できる。同じ平文系列を同じ鍵で暗号化しても，初期ベクトルが異なれば，暗号文系列は異なる。また，$D_K$ を実装する必要がなく，系列 $\{x_j\}$ を事前に生成しておけば実際の受信時にはビットごとの排他的論理和だけで復号できる。

〔**3**〕 **CBC** (cipher block chaining) **モード**　送信者と受信者は，秘密鍵 $K$ だけでなく，ブロック長と同じサイズの初期ベクトル $IV$ を共有しておく。送信者側では，**図 2.7** のように，$E_K$ が出力する系列を暗号文系列とする。

すなわち，送信者側の処理は

$$c_1 = E_K(m_1 \oplus IV) \tag{2.19}$$

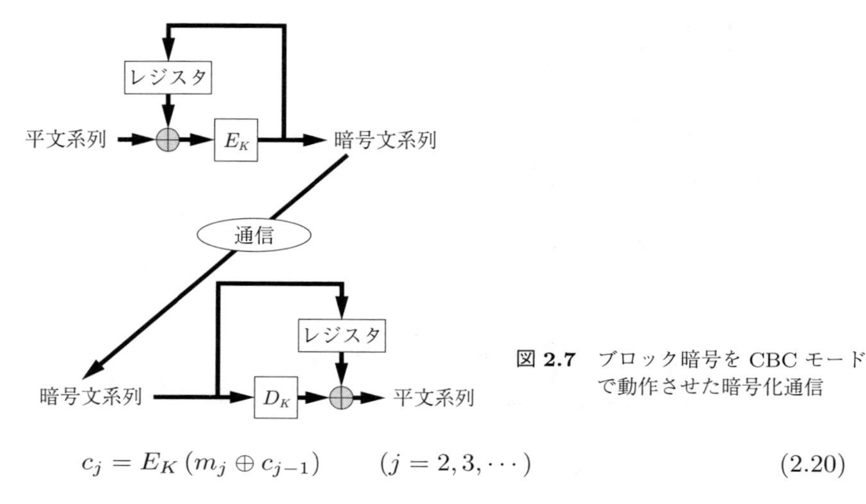


**図 2.7**　ブロック暗号を CBC モードで動作させた暗号化通信

$$c_j = E_K(m_j \oplus c_{j-1}) \qquad (j = 2, 3, \cdots) \tag{2.20}$$

であり，受信者側の処理は

$$m_1 = D_K(c_1) \oplus IV \tag{2.21}$$

$$m_j = D_K(c_j) \oplus c_{j-1} \qquad (j = 2, 3, \cdots) \tag{2.22}$$

である。通信路上でビットが反転するエラーが発生すると，そのブロックの復号結果に影響が出てつぎのブロックの当該ビットにビット反転エラーが入るが，ほかのビットには影響しない。ブロックの順序が変わって届いた場合，$c_1$ はそれさえ届けば $m_1$ に復号できるが，$c_2$ 以降は一つ前の暗号文ブロックも届くまで復号できない。同じ平文系列を同じ鍵で暗号化しても，初期ベクトルが異なれば，暗号文系列は異なる。

〔4〕 **CFB** (cipher feedback) モード　　送信者と受信者は，秘密鍵 $K$ だけでなく，ブロック長と同じサイズの初期ベクトル $IV$ を共有しておく。送信者側では，**図 2.8** のように，ビットごとの排他的論理和が出力する系列を暗号文系列とする。

すなわち，送信者側の処理は

$$c_1 = m_1 \oplus E_K(IV) \tag{2.23}$$

$$c_j = m_j \oplus E_K(c_{j-1}) \qquad (j = 2, 3, \cdots) \tag{2.24}$$

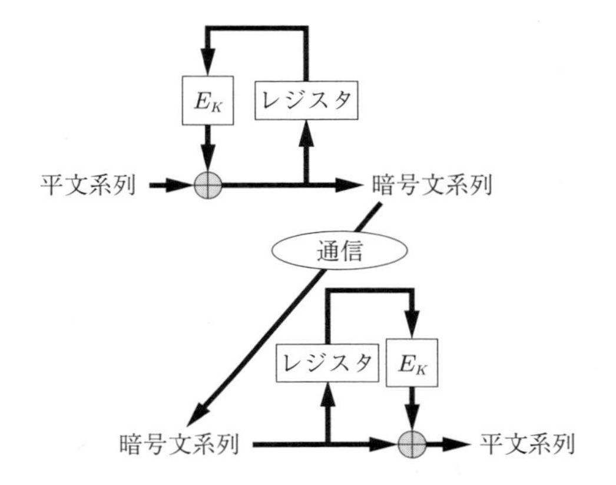


図 **2.8**　ブロック暗号を CFB モードで動作させた暗号化通信

であり，受信者側の処理は

$$m_1 = c_1 \oplus E_K(IV) \tag{2.25}$$

$$m_j = c_j \oplus E_K(c_{j-1}) \qquad (j = 2, 3, \cdots) \tag{2.26}$$

である。通信路上でビットが反転するエラーが発生すると，そのブロックの当該ビットにビット反転エラーが入ってつぎのブロックの復号結果にも影響が出るが，ほかには影響しない。ブロックの順序が変わって届いた場合，$c_1$ はそれさえ届けば $m_1$ に復号できるが，$c_2$ 以降は一つ前の暗号文ブロックも届くまで復号できない。同じ平文系列を同じ鍵で暗号化しても，初期ベクトルが異なれば，暗号文系列は異なる。また，$D_K$ を実装する必要がない。

以上のように，OFB モードでも，CBC モードでも，また，CFB モードでも，「受信者が所定の手順を踏めば確かに元の平文系列に戻せる」という意味での健全性を支えているのは，「同じ系列を足し合わせると打ち消し合って 0 が並ぶ系列になる」というビットごとの排他的論理和の基本的な性質である。

## 2.3　暗号学的ハッシュ関数

### 2.3.1　機 能 と 性 質

〔1〕 **電子証拠物生成機能**　　ブロック暗号を 2.2.3 項で学んだ動作モード

で用いて通信する時，通信路上でビットが反転するエラーの影響は，動作モードにより違っていた。しかし，動作モードによらず共通の問題として，暗号の機能だけでは受信者がエラーの発生に気づかないという問題がある。通信環境に起因するエラーだけでなく，攻撃者による改ざんも検知できない。そこで，任意に長い入力を受け付け，固定長の値を出力する関数 $H$ でつぎの二つの性質

**一方向性：**　出力値 $H(x)$ が与えられた時，その出力値を与える入力 $x$ を一つでも求めることが困難である。

**衝突発見困難性：**　異なる入力の対でありながら，同じ出力値をもたらすもの†を求めることが困難である。すなわち，「$H(x) = H(x')$ かつ $x \neq x'$」を満たす $(x, x')$ を見つけることが困難である。

を満たすものを用いて，**図 2.9** のようなメッセージ認証機構を構成してみよう。なお，このような関数 $H$ は，**ハッシュ関数** (hash function) と呼ばれる。データを検索するインデックスを付けるなどの目的で設計するハッシュ関数と区別するために，**暗号学的ハッシュ関数** (cryptographic hash function) と呼ぶこともある。ハッシュ関数は，任意長入力を受け付け固定長出力に圧縮する関数である。また，あるデータをハッシュ関数に入力して得られる出力値のことを，特に，そのデータの**ハッシュ値**と呼ぶ。

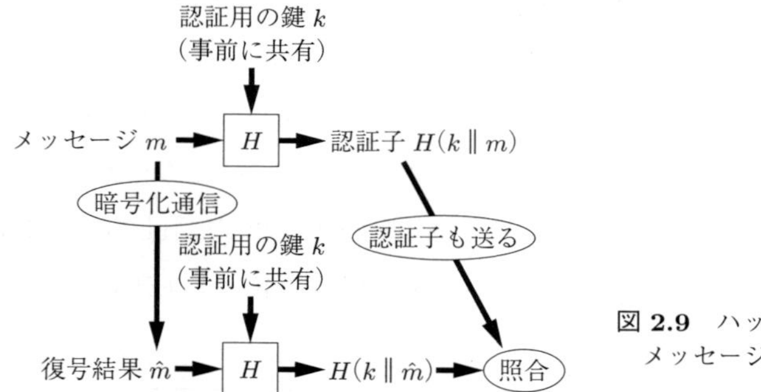


**図 2.9**　ハッシュ関数によるメッセージ認証機構の例

さて，図 2.9 において，送信者は，メッセージ認証のための秘密鍵 $k$ をメッセージ $m$ に連結し，そのハッシュ値 $H(k\|m)$ を認証子として送信する。この

† 異なる入力の対が同じ出力値をもたらした場合，その事実を**衝突** (collision) という。

認証子を，特に，**メッセージ認証子** (**MAC**: message authentication code) ともいう。メッセージを暗号化通信で別途受け取った受信者は，その復号結果 $\hat{m}$ をメッセージと見なして同じ鍵 $k$ で認証子 $H(k\|\hat{m})$ を計算する。この計算結果を，受信したメッセージ認証子と照合し，一致すれば通信路でエラーや改ざんがなかったと判断する[†1]。

メッセージ認証機構の安全性を厳密に論じるためには，さらに踏み込んだモデル化[†2]が必要である。しかし，一方向性や衝突発見困難性が重要であろうことは，容易にわかる。まず，一方向性が満たされていなければ，メッセージ認証子を通信路へ流した時点で鍵 $k$ や平文 $m$ の秘匿性が脅かされる。また，衝突発見困難性が満たされていなければ，「その認証子は別のメッセージと別の鍵に対する認証子である」という主張と対立したりそのような懸念を生じたりした場合に，どちらが正しいか区別がつかない。

同様のハッシュ関数 $H$ を用いて，今度は暗号化保存を題材として**図 2.10** の

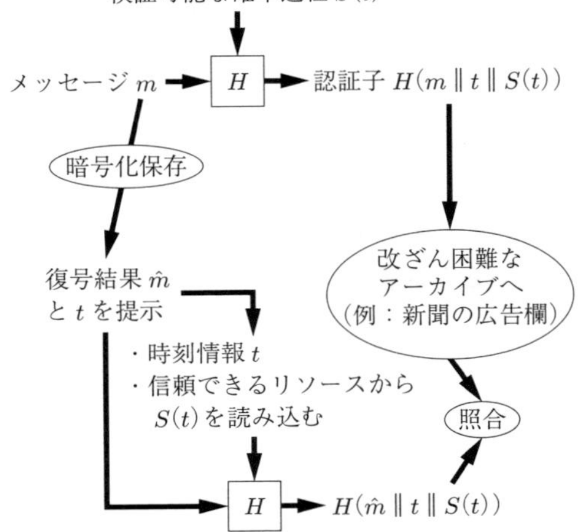


**図 2.10** ハッシュ関数による
タイムスタンプ機構の例

---

†1 一致しなかったとしても，その原因は，暗号化通信の通信路におけるエラーや改ざんとは限らない。例えば，誤った鍵を用いてしまった可能性などがある。

†2 $H$ に関する数学的に厳密な取扱いや，メッセージ認証機構に関する厳密な安全性定義などが必要である。実際，図 2.9 のメッセージ認証機構には，例えば，**選択文書攻撃** (chosen-message attack) を許された攻撃者に対する脆弱性がある（問題〔2.4〕参照）。

ようなタイムスタンプ機構を構成してみよう。ある人（A さん）が，あるメッセージ $m$ に書かれた情報を，時刻 $t$ の時点[†1]ですでに持っていたことを，後になってから証明したい（しかし，当面は，内容を開示せず暗号化保存で保管したい）と考えている。A さんは，$m$ を暗号化保存するとともに

- 時刻情報 $t$ そのもの

および

- 検証可能な**確率過程** (stochastic process)$S$ の時刻 $t$ における実現値 $S(t)$

を $m$ に連結してハッシュ値 $H(m\|t\|S(t))$ を計算し，認証子とする[†2]。そして，この認証子を，改ざん困難なアーカイブ[†3]に載せる。

A さんは，所望の証明をすべく，後で暗号化保存先から取り出した復号結果 $\hat{m}$ と，主張したい時刻 $t$，およびアーカイブに関する情報を提示する。それらを受け取った検証者は，信頼できるリソースから時刻 $t$ における所定の確率過程の実現値 $S(t)$ を読み込み，ハッシュ値 $H(\hat{m}\|t\|S(t))$ を計算して，所定のアーカイブに載っている時刻 $t$ における認証子と照合する。一致すれば

- $\hat{m}$ は確かに時刻 $t$ に存在した $m$ と同じであってその後改ざんされておらず，しかも，A さんが認証子をアーカイブに載せる作業は時刻 $t$ が来るまでは実施できなかった。

という結論を下す。

メッセージ認証機構の例やタイムスタンプ機構の例からわかるように，ハッシュ関数は，電子的な証拠物すなわち**電子証拠物** (digital evidence) を生成するための有力な要素技術である。

---

[†1] 便宜上「時刻」と書いたが，実際には，当該のアプリケーションで必要とされる精度での時間情報を指す。例えば，何年何月何日かさえ証明できればよいならば，「日 (day)」の単位である。

[†2] 検証可能な確率過程とは，時間とともに変化し，将来の値を確実に正確に予測することはできないが，その時が来ればその時の**実現値** (occurrence) をだれでも知ることができ，しかも後でそれらの実現値を信頼できるリソースから取り出して参照できる系列のことである。例えば，特定の企業の特定の株式市場における株価や，特定の地点の公式気温などが挙げられる。なお，実世界においては元来実数値をとるはずの系列であっても，本書ではすでに量子化されてディジタルデータとして表現されているものとする。

[†3] 例えば，必要な精度が「日 (day)」の単位ならば，多くの主立った図書館でアーカイブ保管される新聞の広告欄など。

〔**2**〕 **誕生日パラドックス**　ハッシュ関数が衝突発見困難性を満たすためには，けっして出力長が短過ぎてはならない。

ある小学校で，閏(うるう)年生まれの生徒がいない学年の1クラスに生徒が $N$ 人在籍し（ただし $4 < N < 50$），彼らの誕生日は365日の中で一様ランダムに分布しているとする†。このクラスに，誕生日の同じ二人組がいるかどうかを，つぎの手順で探す。

① 一人目に誕生日を尋ねる。

② 二人目に誕生日を尋ね，一人目の誕生日と一致すれば，探索を終了する。探索が終了しないためには，二人目の誕生日が「365日から一人目の誕生日を除いた364日のうちのいずれか」であればよいので，探索が終了しない確率は $(365-1)/365 = 1-1/365$ である。

③ 二人目で終了しなければ，三人目に誕生日を尋ね，一人目または二人目の誕生日と一致すれば，探索を終了する。ここまでで探索が終了しない確率は $(1-1/365)(1-2/365)$ である。

④ 終了しない限り同様に探索を続け，最後の $N$ 人目に尋ねても誕生日の一致が見つからない確率は $(1-1/365)\cdot(1-2/365)\cdots\{1-(N-1)/365\}$ である。

よって，$1/365, 2/365, \cdots, (N-1)/365$ を微小量と見なし，微小量 $z$ に対する近似式

$$e^{-z} = 1 - z + \frac{z^2}{2!} - \frac{z^3}{3!} + \cdots \simeq 1 - z \tag{2.27}$$

を使えば，このクラスに誕生日の同じ二人組が少なくとも一組存在する確率は

$$\begin{aligned} 1 - \prod_{j=1}^{N-1}\left(1 - \frac{j}{365}\right) &\simeq 1 - \prod_{j=1}^{N-1} e^{-j/365} \\ &= 1 - e^{-N(N-1)/730} \end{aligned} \tag{2.28}$$

となる。式 (2.28) で $N = 23$ とおけば，その値はおおむね 0.50 である。すな

† 「理想的なハッシュ関数の出力がランダムとはいかなることか」については，2.4.3項で詳しく見る。

わち，生徒数が 23 名ならば，ほぼ 50% の確率で，誕生日の同じ二人組が少なくとも一組存在することになる。この事実は，やや直感に反する（直感に反して高い確率である）ことから，**誕生日パラドックス** (birthday paradox) と呼ばれる場合がある。また，さまざまな入力をただランダムに試してハッシュ値の衝突を探す攻撃方法を**誕生日攻撃** (birthday attack) という。誕生日パラドックスは

- ハッシュ値の取り得る範囲が狭過ぎれば，ハッシュ関数が暗号学的な工夫をいかに凝らしていようとも衝突発見困難性を満たせない。しかも，その衝突を発見する攻撃は高度なものではなく，単に一様ランダムに試していくだけの簡単なものである。

ということを示している。ハッシュ値の取り得る範囲を十分長くしたハッシュ関数を具体的に設計する際には，衝突発見困難性を破る最も効率的な攻撃方法が誕生日攻撃となるようにすることが，設計目標の一つとなる。

### 2.3.2 Merkle-Damgård 構成

ATM（現金自動預け払い機）でキャッシュカードを使う時，手袋でもしていない限り，カードに触った時点でそこに指紋が残る。指紋を残すべく意識して，カードを取り出す動作に特別な追加の努力をする必要はない。実世界における証拠には，このようにきわめて効率的に残せる証拠が少なくない。

ハッシュ関数の電子証拠物生成機能は有用で，その応用は広範囲にわたる。結果として，効率面での要求は厳しく，非常に高速な動作が求められる。共通鍵ブロック暗号を用いてハッシュ関数を構成することもでき，そうすれば理論的評価も比較的容易であるが，効率面で要件に合わない。ましてや，共通鍵暗号よりも遅い公開鍵暗号と同様の数学的な演算を多用するアプローチは論外である。そこで，実際には，専用のアルゴリズムとして構成された**専用ハッシュ関数** (dedicated hash function) が用いられる。専用ハッシュ関数は，ブール関数や巡回シフトを利用するなどしたきわめて技巧的な構成である。しかし，もし任意長の入力を扱う必要がなく，固定長の入力を受け付けてそれよりも短い

固定長の出力を出す圧縮関数でさえあればよいとすると，一方向性と衝突発見困難性を満たすように専用のアルゴリズムを構成することは，比較的容易かもしれない。もしそのとおりならば，任意長の入力を処理できる関数をいきなり作ろうとはせず

- まず固定長入力の圧縮関数を専用のアルゴリズムで構成し，それを「一方向性と衝突発見困難性を維持しつつ」繰り返し用いて，任意に長い入力を処理できるようにする

というアプローチをとることが有望である。実際，おおむねこのようなアプローチで開発されたと思われる専用ハッシュ関数は少なくない。

ここでは

- 「(ある種の) 衝突発見困難性さえ満たしていれば，自動的に (ある種の) 一方向性も満たされる」固定長入力の圧縮関数 $h$

を部品として用いて

- 「部品 $h$ が衝突発見困難性を満たしていれば，自動的に衝突発見困難性を満たす」任意長入力のハッシュ関数 $H$

を構成するというアプローチを支える定理を二つ学ぶ。

部品 $h$ の衝突発見困難性と一方向性に関して括弧付きで「ある種の」と限定したのは，つぎのようなランダム探索による攻撃に対する安全性という限定的な定義を用いるからである。

**定義 2.1　一方向性に対するランダム探索攻撃**

$n$ と $t$ を 2 以上の整数とする。$(n+t)$ ビットの入力を受け付け，$n$ ビットの値を出力する圧縮関数 $h$ を考える。$h$ の出力値として指定された値を与える入力の一つを以下の手順で探索することを，$h$ の一方向性に対するランダム探索攻撃と呼ぶことにする。

① $h$ の出力値として任意の $n$ ビットのデータ $y$ が指定されたとする。

② 入力の候補として $(n+t)$ ビットのデータを一様ランダムに生成し，それを $x'$ とする。

③　$y' = h(x')$ を求める。

④　$y' = y$ ならば，攻撃成功であり，$x'$ を攻撃の成果として探索を終了する。すなわち，$x'$ が，出力 $y$ を与える入力の一つである。

⑤　$y' \neq y$ ならば，② に戻って繰り返す。

---

**定義 2.2　衝突発見困難性に対するランダム探索攻撃**

$n$ と $t$ を 2 以上の整数とする。$(n+t)$ ビットの入力を受け付け $n$ ビットの値を出力する圧縮関数 $h$ を考える。$h$ に関して衝突をもたらす入力対の一つを以下の手順で探索することを，$h$ の衝突発見困難性に対するランダム探索攻撃と呼ぶことにする。

①　$(n+t)$ ビットのデータを一様ランダムに生成し，それを $x$ とする。

②　$y = h(x)$ を求める。

③　出力として $y$ を指定し，$h$ の一方向性に対するランダム探索攻撃を実行する。成功して成果が出れば，見つかった入力を $x'$ とする。

④　$x \neq x'$ ならば，攻撃成功であり，$(x, x')$ を攻撃の成果として探索を終了する。すなわち，$(x, x')$ が「衝突を与える入力対」の一つである。

⑤　$x = x'$ ならば，① に戻って繰り返す。

---

さて，$h$ の定義域 $\{0,1\}^{n+t}$ の要素 $x$ に対して，$h(x) = h(x')$ を満たすすべての $(n+t)$ ビットのデータ $x'$ から成る集合を，$\tilde{C}_{h,x}$ と表記することにする。$h$ の値域 $\{0,1\}^n$ の要素との間の一対一対応を考えれば，そのような集合は全部で $2^n$ 個あることがわかる。これらの $2^n$ 個の集合を $\mathcal{C}_1, \mathcal{C}_2, \cdots, \mathcal{C}_{2^n}$ とすると，$h$ の定義域 $\{0,1\}^{n+t}$ はこれらに過不足なく分割できる。

$$\{0,1\}^{n+t} = \mathcal{C}_1 \bigcup \mathcal{C}_2 \bigcup \cdots \bigcup \mathcal{C}_{2^n}$$

$$i \neq j \text{ ならば } \mathcal{C}_i \bigcap \mathcal{C}_j = \emptyset$$

定義 2.1 と定義 2.2 の攻撃が一様ランダムに探索する攻撃であることに注意すれば，前者が多項式時間内に成功する確率 $P_{\mathrm{ow}}$ と，後者の手順 4 で衝突が見つかり多項式時間内に探索が終了する確率 $P_{\mathrm{col}}$ に関して，次式が成り立つ†。

$$
\begin{aligned}
P_{\mathrm{col}} &= \frac{P_{\mathrm{ow}}}{|\{0,1\}^{n+t}|} \sum_{x \in \{0,1\}^{n+t}} \frac{\left|\tilde{\mathcal{C}}_{h,x}\right| - 1}{\left|\tilde{\mathcal{C}}_{h,x}\right|} \\
&= \frac{P_{\mathrm{ow}}}{2^{n+t}} \sum_{j=1}^{2^n} \sum_{x \in \mathcal{C}_j} \frac{|\mathcal{C}_j| - 1}{|\mathcal{C}_j|} \\
&= \frac{P_{\mathrm{ow}}}{2^{n+t}} \sum_{j=1}^{2^n} (|\mathcal{C}_j| - 1) = P_{\mathrm{ow}} \cdot \frac{|\{0,1\}^{n+t}| - 2^n}{2^{n+t}} \\
&= P_{\mathrm{ow}} \cdot \frac{2^{n+t} - 2^n}{2^{n+t}} = \left(1 - \frac{1}{2^t}\right) P_{\mathrm{ow}} \\
&\geqq \left(1 - \frac{1}{2^2}\right) P_{\mathrm{ow}} = \frac{3P_{\mathrm{ow}}}{4}
\end{aligned}
\tag{2.29}
$$

よって，つぎの定理が成り立つ。

**定理 2.1　衝突発見困難性と一方向性の関係**

$n$ と $t$ を 2 以上の整数とする。$(n+t)$ ビットの入力を受け付け $n$ ビットの出力を出す圧縮関数 $h$ を考える。この時，$h$ の一方向性に対するランダム探索攻撃が無視できない確率で多項式時間内に終了するならば，$h$ の衝突発見困難性に対するランダム探索攻撃も無視できない確率で多項式時間内に終了する。すなわち，ランダム探索攻撃に対する衝突発見困難性が満たされているならば，ランダム探索攻撃に対する一方向性も満たされる。

ここで，あらためて，$n$ と $t$ を 2 以上の整数とし，$(n+t)$ ビットの入力を受

† 集合に絶対値記号を付けて，その集合の要素の個数を表す。例えば，$|\{0,1\}^n| = 2^n$ であり，$|\{0,1,2,3,4\}| = 5$ である。式 (2.29) を導出する過程を丁寧に辿れば，「定義域 $\{0,1\}^{n+t}$ の要素すべてにわたる総和をとる」という作業の理解が深まる。定義域をその部分集合に分けて考える際に，衝突するもの同士でまとめることがポイントである。

け付け $n$ ビットの値を出力する圧縮関数 $h$ を考える。つぎの定義のように，$h$ の定義域を拡張して，任意長の入力を処理できる関数 $H$ を構成しよう[†1]。

**定義 2.3　圧縮関数の定義域を拡張する Merkle-Damgård 構成**

任意長の入力 $x$ を受け付け，その先頭ビットから順に $(t-1)$ ビットずつのセグメントに区切り，それ以上区切れなくなるまで続ける。最後のセグメントは，1 ビット以上 $(t-1)$ ビット以下である。こうして生成したセグメントの個数を $m$ 個とする。すなわち

$$x = x_1 \| x_2 \| \cdots \| x_m$$

$$|x_1| = |x_2| = \cdots = |x_{m-1}| = t-1, \quad 1 \leqq |x_m| \leqq t-1$$

である[†2]。ここで，必要に応じて最後のセグメントに 0 でパディングをし，すべて $(t-1)$ ビットの系列 $\{z_j\}$ をつぎのように生成する[†3]。

$1 \leqq j \leqq m-1$ に対して，$z_j = x_j$

$|x_m| = t-1$ の時，$z_m = x_m$，$d = 0$

$|x_m| < t-1$ の時，$z_m = x_m \| 0^d$，$d = t-1-|x_m|$

さらに，$d$ を $(t-1)$ ビットの二進数で表現したものを $z_{m+1}$ とすると定めて，$z_{m+1}$ を系列 $\{z_j\}$ に加える。以上の準備をしてから，任意長の入力 $x$ を受け付けた関数 $H$ の出力を，つぎの手順で計算する。

$$g_1 = h\left(0^{n+1} \| z_1\right)$$

$$g_j = h\left(g_{j-1} \| 1 \| z_j\right) \qquad (j = 2, 3, \cdots, m+1)$$

$$H(x) = g_{m+1}$$

---

Merkle-Damgård 構成では，圧縮関数の衝突発見困難性が維持される。

---

[†1] 同時期に独立して定義 2.3 の構成方法に貢献した二人にちなんで，**Merkle-Damgård 構成** (Merkle-Damgård construction) と呼ばれている。

[†2] ビット列に絶対値記号を付けて，そのビット列の長さ（ビット長）を表す。例えば，$x_1 = 1011$ ならば，$|x_1| = 4$ である。

[†3] 0 を $d$ ビット並べたビット列を $0^d$ と表記する。例えば，$0^4 = 0000$ である。

**定理 2.2 Merkle-Damgård 構成に関する衝突発見困難性維持**

圧縮関数 $h$ が衝突発見困難性を満たすならば，$h$ から定義 2.3 の方法で構成された関数 $H$ も衝突発見困難性を満たす。

**証明** 背理法による。すなわち，$H$ の衝突が容易に発見できるならば，$h$ の衝突も容易に発見できることを示す。

実際，$H$ の衝突 $(x, x')$ が容易に発見できたとする。すなわち，$H(x) = H(x')$ かつ $x \neq x'$ である。まず，定義 2.3 の方法で $x$ から $H(x)$ を計算し，その途中計算結果をすべて残しておく。同じく，$x'$ から $H(x')$ を計算し，その途中計算結果をすべて残しておく。後者の途中計算結果にはダッシュを付け

- $x'$ から系列 $z'_1, z'_2, \cdots, z'_{m'+1}$ を生成する。$x'_{m'}$ を $z'_{m'}$ にする際のパディングは $d'$ ビットである。
- $g'_1 = h\left(0^{n+1} \| z'_1\right)$ とする。
- $g'_j = h\left(g'_{j-1} \| 1 \| z'_j\right) \qquad (j = 2, 3, \cdots, m'+1)$ とする。
- $H(x') = g'_{m'+1}$ を得る。

のように表記する。この時，つぎのように場合分けして途中計算結果をチェックすれば，$h$ に関する衝突を容易に発見できる。

**$|x| = |x'|$ の時：** セグメント数もパッド長も等しくなるので，$m = m'$, $d = d'$ かつ $z_{m+1} = z'_{m+1}$ である。$H(x) = H(x')$ より

$$h\left(g_m \| 1 \| z_{m+1}\right) = h\left(g'_m \| 1 \| z'_{m+1}\right)$$

であるが，すでに $z_{m+1} = z'_{m+1}$ であることはわかっている。よって，$g_m \neq g'_m$ ならば，$g_m \| 1 \| z_{m+1}$ と $g'_m \| 1 \| z'_{m+1}$ が $h$ の衝突を与える。
$g_m = g'_m$ ならば，$H$ の計算過程記録を一つ遡（さかのぼ）り

$$h\left(g_{m-1} \| 1 \| z_m\right) = h\left(g'_{m-1} \| 1 \| z'_m\right)$$

となる。よって，$(g_{m-1}, z_m) \neq \left(g'_{m-1}, z'_m\right)$ ならば，$g_{m-1} \| 1 \| z_m$ と $g'_{m-1} \| 1 \| z'_m$ が $h$ の衝突を与える。
$(g_{m-1}, z_m) = \left(g'_{m-1}, z'_m\right)$ ならば，$H$ の計算過程記録を一つ遡り

$$x_m = x'_m \text{かつ}\ h\left(g_{m-2} \| 1 \| z_{m-1}\right) = h\left(g'_{m-2} \| 1 \| z'_{m-1}\right)$$

となる。よって，先ほどと同様に，$(g_{m-2}, z_{m-1}) \neq (g'_{m-2}, z'_{m-1})$ ならば，$g_{m-2}\|1\|z_{m-1}$ と $g'_{m-2}\|1\|z'_{m-1}$ が $h$ の衝突を与える。
$(g_{m-2}, z_{m-1}) = (g'_{m-2}, z'_{m-1})$ ならば，$H$ の計算過程記録を一つ遡り

$$x_{m-1} = x'_{m-1} \text{かつ}\ h(g_{m-3}\|1\|z_{m-2}) = h(g'_{m-3}\|1\|z'_{m-2})$$

となる。以降，「$h$ の衝突が見つかるか，または $H$ の計算過程記録をさらに一つ遡る」ということを繰り返し，$h$ の衝突が見つかることなく先頭セグメントまで到達すると

$$h(0^{n+1}\|z_1) = h(0^{n+1}\|z'_1)$$

となる。ここまで遡ってきたので，$j = 2, 3, \cdots, m$ に対して $x_j = x'_j$ である。しかるに，$x \neq x'$ であるから，$x_1 \neq x'_1$ すなわち $z_1 \neq z'_1$ となっている。よって，$0^{n+1}\|z_1$ と $0^{n+1}\|z'_1$ が $h$ の衝突を与える。

**$|x| \neq |x'|$ の時：** 一般性を失わないので $|x| < |x'|$ の場合のみを考える。さらに，パッド長が等しいか否かで場合分けする。

● $d = d'$ の時：$z_{m+1} = z'_{m'+1}$, $m < m'$ である。$H(x) = H(x')$ より

$$h(g_m\|1\|z_{m+1}) = h(g'_{m'}\|1\|z'_{m'+1})$$

であるので，$g_m \neq g'_{m'}$ ならば，$g_m\|1\|z_{m+1}$ と $g'_{m'}\|1\|z'_{m'+1}$ が $h$ の衝突を与える。
$g_m = g'_{m'}$ ならば，$H$ の計算過程記録を一つ遡り

$$h(g_{m-1}\|1\|z_m) = h(g'_{m'-1}\|1\|z'_{m'})$$

となる。よって，$(g_{m-1}, z_m) \neq (g'_{m'-1}, z'_{m'})$ ならば，$g_{m-1}\|1\|z_m$ と $g'_{m'-1}\|1\|z'_{m'}$ が $h$ の衝突を与える。
$(g_{m-1}, z_m) = (g'_{m'-1}, z'_{m'})$ ならば，$H$ の計算過程記録を一つ遡り

$$x_m = x'_{m'} \text{かつ}\ h(g_{m-2}\|1\|z_{m-1}) = h(g'_{m'-2}\|1\|z'_{m'-1})$$

となる。先ほどと同様にして，$(g_{m-2}, z_{m-1}) \neq (g'_{m'-2}, z'_{m'-1})$ ならば，$g_{m-2}\|1\|z_{m-1}$ と $g'_{m'-2}\|1\|z'_{m'-1}$ が $h$ の衝突を与える。
$(g_{m-2}, z_{m-1}) = (g'_{m'-2}, z'_{m'-1})$ ならば，$H$ の計算過程記録を一つ遡り

$$x_{m-1} = x'_{m'-1} \text{かつ}\ h(g_{m-3}\|1\|z_{m-2}) = h(g'_{m'-3}\|1\|z'_{m'-2})$$

となる。以降,「$h$ の衝突が見つかるか，または $H$ の計算過程記録をさらに一つ遡る」ということを繰り返し，$h$ の衝突が見つかることなく $H(x)$ の計算過程記録が先頭セグメントまで到達すると

$$h\left(0^{n+1}\|z_1\right) = h\left({g'}_{m'-m}\|1\|{z'}_{m'-m+1}\right)$$

となる。$0^{n+1}\|z_1$ と ${g'}_{m'-m}\|1\|{z'}_{m'-m+1}$ は，左から $(n+1)$ ビット目が異なっているので，$h$ の衝突を与える。

- $d \neq d'$ の時：$z_{m+1} \neq {z'}_{m'+1}$ である。$H(x) = H(x')$ より

$$h\left(g_m\|1\|z_{m+1}\right) = h\left({g'}_{m'}\|1\|{z'}_{m'+1}\right)$$

となる。$z_{m+1} \neq {z'}_{m'+1}$ より，$g_m\|1\|z_{m+1}$ と ${g'}_{m'}\|1\|{z'}_{m'+1}$ が $h$ の衝突を与える。

（証明終わり）

実際に使われているハッシュ関数で，定理 2.2 の影響を受け「入力長を固定した衝突困難な一方向性圧縮関数を技巧的に設計し，それを体系的に定義域拡張する」というアプローチで構成されたものは多い。参考までに，技巧的な圧縮関数を例 2.1 に示す。ただし，$\vee$, $\wedge$, $\neg$ は，それぞれ，ビットごとの論理和，論理積，ビット反転を表し，$LS^n$ は $n$ ビットの左巡回シフトを表す†。

**例 2.1　技巧的な圧縮関数の例**

以下の手順で，512 ビットの入力 $m$ から 160 ビットの出力 $g$ を計算する。ただし，$r_0, r_1, \cdots, r_{79}, g_0, g_1, g_2, g_3, g_4$ は，それぞれ 32 ビットの定数である。

① $m$ を 32 ビットごとに分割し，左から順に $m_0, m_1, \cdots, m_{15}$ を得たとする。すなわち，$m = m_0\|m_1\|m_2\|\cdots\|m_{15}$ のように分割する。

② $j = 16, 17, \cdots, 79$ に対して，$m_j$ を

$$m_j = LS^1\left(m_{j-3} \oplus m_{j-8} \oplus m_{j-14} \oplus m_{j-16}\right)$$

で定める。

† $n$ ビットの左巡回シフトとは，ビット列の各ビットを $n$ ビットだけ左へずらし，左端からはみ出たものは右端へ戻してそこからまた左へずらす変換である。例えば，$LS^3(11011100) = 11100110$, $LS^2(011101) = 110101$ となる。

③　$a_0 = g_0$, $b_0 = g_1$, $c_0 = g_2$, $d_0 = g_3$, $e_0 = g_4$ とする。

④　$j = 0, 1, 2, \cdots, 79$ に対して，順に

$$a_{j+1} = LS^5(a_j) + F_j(b_j, c_j, d_j) + e_j + m_j + r_j \pmod{2^{32}}$$

$$b_{j+1} = a_j$$

$$c_{j+1} = LS^{30}(b_j)$$

$$d_{j+1} = c_j$$

$$e_{j+1} = d_j$$

を計算する。ただし，$F_j$ はラウンド番号 $j$ で場合分けしてつぎのように定義された関数である。

$$F_j(b, c, d) = \begin{cases} (b \wedge c) \vee ((\neg b) \wedge d) & (0 \leqq j \leqq 19 \text{ の時}) \\ b \oplus c \oplus d & (20 \leqq j \leqq 39 \text{ の時}) \\ (b \wedge c) \vee (b \wedge d) \vee (c \wedge d) & (40 \leqq j \leqq 59 \text{ の時}) \\ b \oplus c \oplus d & (60 \leqq j \leqq 79 \text{ の時}) \end{cases}$$

⑤　最終ラウンドの出力を受けて

$$a = a_{80} + g_0 \pmod{2^{32}}$$

$$b = b_{80} + g_1 \pmod{2^{32}}$$

$$c = c_{80} + g_2 \pmod{2^{32}}$$

$$d = d_{80} + g_3 \pmod{2^{32}}$$

$$e = e_{80} + g_4 \pmod{2^{32}}$$

を計算する。

⑥　$g = a \| b \| c \| d \| e$ を出力する。

………………………………………………………………………………

## 2.4 公開鍵暗号

秘密鍵を送信者と受信者が共有している共通鍵暗号では，秘密鍵を用いて同じ系列を生成しやすいため，「復号アルゴリズムでなぜ平文に戻せるのか」という意味での健全性を支えるポイントとなる変換として，ビットごとの排他的論理和[†]を利用しやすい。秘密鍵を受信者だけが持っている公開鍵暗号では事情が異なるため，秘密鍵と公開鍵の間に「何らかの数学的な関係」を巧妙に持たせることが，アルゴリズム設計のポイントの一つとなる。そのため，数学的な演算への依存度が増し，暗号化と復号のアルゴリズムだけでなく，公開鍵と秘密鍵を生成するアルゴリズム（鍵生成アルゴリズム）が重要な役割を果たす。それらのアルゴリズムにおいては，数学の中でも，整数を扱う**数論** (number theory) がよく利用される。数論の基礎を学ぶ数学的準備は，安全性を考察するためにも必要であるが，それ以前に，そもそも健全性を理解するために必要である。

### 2.4.1 数論の基礎

ここでは，必要最小限の範囲で数論の基礎を学ぶ。数論は，整数論とも呼ばれ，整数に関して論じる数学の一分野である。特に，公開鍵暗号では，自然数で除算をした余り（剰余）の世界における演算を考える理論体系をよく利用する。整数 $a$ を 2 以上の自然数 $n$ で割った余りと，整数 $b$ を $n$ で割った余りが等しい時，すなわち $a - b = mn$ を満たす整数 $m$ が存在する時，$a \equiv b \bmod n$ あるいは $a = b \pmod{n}$ などと書き，「$a$ は $n$ を法として $b$ に合同である」などという。定義から明らかに，つぎの定理が成り立つ。

---

**定理 2.3**　**合同な整数の加減算と乗算**

$n$ を 2 以上の自然数，$a, b, c, d$ を整数とする。この時，$a \equiv b \bmod n$ かつ $c \equiv d \bmod n$ ならば，以下の合同式が成り立つ。

† $1 \oplus 1 = 0$，$0 \oplus 0 = 0$ ゆえ，ビットごとの排他的論理和には「同じ系列を足し合わせると打ち消し合う」という特徴があることを，思い出そう。

$$a + c \equiv b + d \bmod n, \quad a - c \equiv b - d \bmod n, \quad ac \equiv bd \bmod n$$

2 以上の自然数 $n$ で整数を割った時の剰余から成る集合 $\{0, 1, 2, \cdots, n-1\}$ を $\boldsymbol{Z}_n$ と表記する。定理 2.3 は，法のもとでの整数の加減算と乗算が自然に定義でき，それらの演算を重ねる際には途中計算結果を $\boldsymbol{Z}_n$ の要素で表して進めて構わないことを示している†。しかし，除算には注意が必要である。

**定理 2.4　法のもとでの逆元**

自然数 $c$ と $n(> c)$ がたがいに素ならば

$$cd \equiv 1 \bmod n$$

を満たす整数 $d$ が存在する。この $d$ を「$c$ の法 $n$ のもとでの**逆数** (modular inverse)」といい，$1/c \pmod n$ や $c^{-1} \pmod n$ などと表記する。また，このような逆数は $\boldsymbol{Z}_n$ の範囲にただ一つ存在し，$\boldsymbol{Z}_n$ の要素（元）であることを意識して「$c$ の法 $n$ のもとでの逆元」ともいう。法 $n$ がどの自然数か文脈から明らかな時には，法を明記せず省略することもある。法 $n$ のもとでの逆元は，拡張ユークリッドの互除法を用いて，$n$ の多項式時間内に求めることができる。

**証明**　具体的に拡張ユークリッドの互除法を提示することによって証明できる。定義から，$cd \equiv 1 \bmod n$ は

$$cd + mn = 1 \tag{2.30}$$

を満たす整数 $m$ が存在することと同値である。式 (2.30) を，$c$ と $n$ が具体的に与えられた時に，未知数 $d$ と $m$（ただし $d$ も $m$ も整数）を求める方程式と見なす。この方程式の解は，整数から成る数列 $\{c_j\}, \{d_j\}, \{m_j\}, \{Q_j\}$ をつぎの手順で定めれば，求めることができる。

† 剰余をとらなければきわめて大きな整数になってしまう途中計算結果でも，剰余をとって限られたサイズに抑えて計算を進めることができるので，実用上便利である。

① $c_0 = n,\ c_1 = c,\ d_0 = 0,\ d_1 = 1,\ m_0 = 1,\ m_1 = 0$ とする。

② $j = 2$ から始めて，$c_j = 0$ となるまで，$j$ を 1 ずつ増やしながら，つぎの漸化式で数列の値を求めていく。

- $c_{j-2}$ を $c_{j-1}$ で割った商を $Q_{j-1}$ とする。
- $Q_{j-1}$ を用いて，つぎの漸化式で $c_j, d_j, m_j$ を求める。

$$c_j = c_{j-2} - Q_{j-1}c_{j-1}$$
$$d_j = d_{j-2} - Q_{j-1}d_{j-1}$$
$$m_j = m_{j-2} - Q_{j-1}m_{j-1}$$

③ $c_j = 0$ となった $j = J$ に対して，$d = d_{J-1},\ m = m_{J-1}$ が解であり，$c_{J-1}$ が $c$ と $n$ の最大公約数すなわち 1 となっている†。

実際，$\{c_j\}$ の漸化式より $c_j$ は $c_{j-2}$ を $c_{j-1}$ で割った余りであり，$c_J = 0$ となるまで $c_0 > c_1 > c_2 > \cdots > c_{J-1} > c_J$ のように減少し続け，多項式時間内に $c_J$ に辿り着く。しかも，同じく $\{c_j\}$ の漸化式から，$j = 2, 3, \cdots, J-1$ に対して，$c_j$ と $c_{j-1}$ の最大公約数は $c_{j-1}$ と $c_{j-2}$ の最大公約数に等しい。$c_J = 0$ ゆえ $c_{J-1}$ は $c_{J-2}$ を割り切るから，$c_{J-1}$ 自身が $c_{J-1}$ と $c_{J-2}$ の最大公約数であり，添え字を遡れば $c_0 = n$ と $c_1 = c$ の最大公約数に等しい。

また，数学的帰納法により，$j = 0, 1, 2, \cdots, J-1$ に対して

$$c_j = cd_j + nm_j \tag{2.31}$$

が成り立つことが示せる。実際，$j = 0, 1$ に対して式 (2.31) が成り立つのは各数列の最初の二項の設定から明らかであり，$j = j' - 1$ と $j = j' - 2$ に対して式 (2.31) が成り立つならば，$\{c_j\}, \{d_j\}, \{m_j\}$ の漸化式から

$$\begin{aligned} c_{j'} &= c_{j'-2} - Q_{j'-1}c_{j'-1} \\ &= cd_{j'-2} + nm_{j'-2} - Q_{j'-1}\left(cd_{j'-1} + nm_{j'-1}\right) \\ &= c\left(d_{j'-2} - Q_{j'-1}d_{j'-1}\right) + n\left(m_{j'-2} - Q_{j'-1}m_{j'-1}\right) \\ &= cd_{j'} + nm_{j'} \end{aligned}$$

となり，$j = j'$ に対しても式 (2.31) が成り立っている。よって

$$cd_{J-1} + nm_{J-1} = c_{J-1} = 1 \tag{2.32}$$

† ここでは証明を理解しやすいよう $c_J = 0$ となるまでの手続きを記したが，逆元の計算は $c_{J-1} = 1$ となった時点で終わってよい。

が得られる。　（証明終わり）

さて，定理 2.4 は，「除算を考えるだけでも，整数同士がたがいに素かどうかに注意する必要があること」を示している。そこで，2 以上の自然数 $n$ に対して，$\boldsymbol{Z}_n$ の要素から $n$ とたがいに素な自然数だけを抜き出して構成される集合を $\boldsymbol{Z}_n^*$ と表記することにする。また，$\boldsymbol{Z}_n^*$ の要素の個数を $\phi(n)$ と書き，この $\phi$ を**オイラーのファイ関数** (Euler's phi function) という。

**定義 2.4　オイラーのファイ関数**

2 以上の自然数 $n$ に対して，$\phi(n) = |\boldsymbol{Z}_n^*|$

$p$ が素数ならば $\boldsymbol{Z}_p^* = \{1, 2, \cdots, p-1\}$ であるから，$\phi(p) = p - 1$ となる。さらに，$p$ と $q$ がたがいに異なる素数ならば，$\boldsymbol{Z}_{pq}^*$ は，$\{1, 2, \cdots, pq-1\}$ から $p, 2p, \cdots, (q-1)p$ と $q, 2q, \cdots, (p-1)q$ を取り除いた集合である。$p$ と $q$ がたがいに異なる素数であることから，取り除くべき整数に重複はないので，$\boldsymbol{Z}_{pq}^*$ の要素の個数を数えれば

$$\phi(pq) = pq - 1 - (q-1) - (p-1) = (p-1)(q-1)$$

となる。以上から，つぎの定理 2.5 が得られる。

**定理 2.5　ファイ関数の計算公式**

$p$ と $q$ がたがいに異なる素数ならば，次式が成り立つ。

$$\phi(p) = p - 1$$

$$\phi(pq) = (p-1)(q-1)$$

**例 2.2 ファイ関数の数値例**

- 素数 $p = 5$ に対して，$\boldsymbol{Z}_5 = \{0, 1, 2, 3, 4\}$，$\boldsymbol{Z}_5^* = \{1, 2, 3, 4\}$ であるから，要素の個数を数えれば $\phi(5) = 4$ となっている。定理 2.5 を使っても，確かに $\phi(5) = 5 - 1 = 4$ が得られる。
- 素数 $p = 3$ と $q = 7$ の積 $pq = 21$ に対して，$\boldsymbol{Z}_{21} = \{0, 1, 2, 3, \cdots, 20\}$，$\boldsymbol{Z}_{21}^* = \{1, 2, 4, 5, 8, 10, 11, 13, 16, 17, 19, 20\}$ であるから，要素の個数を数えれば $\phi(21) = 12$ となっている。定理 2.5 を使っても，確かに $\phi(21) = (3 - 1) \cdot (7 - 1) = 12$ が得られる。

四則演算を習得したら，つぎは，乗算を何度か行って所定の法で割った余りをとる演算である「べき乗剰余」を考えてみよう。素数 $p$ を法とし，自然数 $a$ のべき乗剰余を $\boldsymbol{Z}_p$ の要素で表すことにする。そして，「順次べき乗剰余を求めては，最初の $a$ と合同かどうか照合する」という手順を実行する。

① $a_1 = a \pmod p$, $j = 2$ とする。

② $a_j = a \cdot a_{j-1} \pmod p$ を計算する。

③ $a_j = a \pmod p$ ならば終了する。そうでなければ，$j$ を 1 増やして②へ戻る。

$|\boldsymbol{Z}_p| = p$ であるから，上記の手順を実行しても無限には続かず，$p$ 乗するかあるいはそれよりも早くに，$a$ に戻って終了する。

**定理 2.6 フェルマーの小定理**

任意の素数 $p$ と任意の自然数 $a$ に対して

$$a^p \equiv a \pmod p$$

が成り立つ。特に，$p$ が $a$ を割り切らない時には

$$a^{p-1} \equiv 1 \pmod p$$

が成り立つ。

**証明**　定理の前半は数学的帰納法によって証明できる。実際，$a=1$ に対しては，明らかに $a^p \equiv a \pmod{p}$ が成り立つ。つぎに，$a$ に対してこの合同式が成り立つとする。二項定理より，$(a+1)^p$ を展開した時の $a^{p-1}$ の項から $a$ の項までの係数は $p$ の倍数となるので

$$(a+1)^p \equiv a^p + 1 \equiv a+1 \pmod{p}$$

が成り立つ。すなわち，$(a+1)$ に対しても，証明したい合同式が成り立つ。さらに，定理 2.4 から存在が確かな $a^{-1} \pmod{p}$ を定理の前半の両辺に乗じて，定理の後半が得られる。　（証明終わり）

続いて，$p$ 乗するよりも早く $a$ に戻る可能性を考察しよう。

**定理 2.7**　**素数の法に関する位数**

素数 $p$ の倍数でない自然数 $a$ に対して，$a^h \equiv 1 \pmod{p}$ を満たす最小のべき指数である自然数 $h$ が存在する。さらに，自然数 $h'$ に対して $a^{h'} \equiv 1 \pmod{p}$ が成り立つのは，$h$ が $h'$ を割り切る時であり，かつ，その時に限る。特に $h$ は $p-1$ を割り切る。このような $h$ を「法 $p$ に関する $a$ の**位数** (order)」といい，$h = \mathrm{ord}_p(a)$ と書く。法 $p$ のもとで，$1, a, a^2, \cdots, a^{h-1}$ はどの二つも合同でない。また

$$X^h \equiv 1 \pmod{p}, \qquad X \in \boldsymbol{Z}_p^*$$

を満たす $X$ は $h$ 個だけ存在し，それらが先ほどの

$$1, a \pmod{p}, a^2 \pmod{p}, \cdots, a^{h-1} \pmod{p}$$

である。

**証明**　定理 2.6 の考察を深めた結果であり，実際，証明は定理 2.6 から出発する。まず，$a$ を $(p-1)$ 乗すれば必ず 1 と合同になるので，$h$ の存在に関する主張が正しいのは明らかである。

$h'$ に関する主張は背理法で示す。いま

$$a^{h'} \equiv 1 \pmod{p} \tag{2.33}$$

であるとする。にも関わらず $h$ が $h'$ を割り切らないならば，$h' = qh + r$ を満たす整数 $q$ と $r$（ただし $1 \leqq r < h$）が存在する。式 (2.33) に代入すれば

$$a^{qh+r} \equiv a^{qh} \cdot a^r \equiv a^r \equiv 1 \pmod{p}$$

となり，$r < h$ であることから，$h$ の最小性に反する。よって，$h$ は $h'$ を割り切る。また，$1, a, a^2, \cdots, a^{h-1}$ の中に $a^i \equiv a^j \pmod{p}$ を満たす $a^i$ と $a^j$（ただし $0 \leqq i < j < h$）があるとすると，$a^{j-i}$ が法 $p$ のもとで 1 と合同になり，やはり $h$ の最小性に反する。よって，法 $p$ のもとで，$1, a, a^2, \cdots, a^{h-1}$ はすべて相異なる。

最後の主張に関しては，$h = 1$ の場合は自明なので，$h \geqq 2$ の場合について証明する。$F_0(X) = X^h - 1$，$a_j = a^j \pmod{p}$ と定義すれば，$a_0$, $a_1$, $\cdots$, $a_{h-1}$ は，$X \in \boldsymbol{Z}_p^*$ の範囲で $X$ を未知数とするつぎの合同式

$$F_0(X) \equiv 0 \pmod{p} \tag{2.34}$$

の相異なる $h$ 個の解となっている。ここで，$j = 0, 1, 2, \cdots, h-2$ に対して，つぎのようにして合同式の次数を下げていく。

① $F_j(X)$ は，最高次の係数が 1 である $(h-j-1)$ 次式 $F_{j+1}(X)$ を用いて $F_j(X) = (X - a_j)F_{j+1}(X) + F_j(a_j)$ と書ける。

② $F_j(a_j) \equiv 0 \pmod{p}$ なので，$(X - a_j)F_{j+1}(X) \equiv 0 \pmod{p}$ だが，$p$ は素数なので，この合同式の解は $X - a_j \equiv 0 \pmod{p}$ の解かまたは $F_{j+1}(X) \equiv 0 \pmod{p}$ の解である。よって，$a_0$, $a_1$, $\cdots$, $a_j$ のいずれとも異なる解は，$F_{j+1}(X) \equiv 0 \pmod{p}$ の解である。

最終的に，$a_0$, $a_1$, $\cdots$, $a_{h-2}$ のいずれとも異なる解は，一次の係数が 1 である一次の合同式 $F_{h-1}(X) \equiv 0 \pmod{p}$ の解となり，一意に定まる。残っている $X = a_{h-1}$ が，この解にほかならない。（証明終わり）

---

**例 2.3　素数の法に関する位数の数値例**

$p = 11$，$a = 4$ の時

$$a^2 = 16 \equiv 5 \pmod{11}$$

$$a^3 \equiv 20 \equiv 9 \pmod{11}$$

$$a^4 \equiv 36 \equiv 3 \pmod{11}$$

$$a^5 \equiv 12 \equiv 1 \pmod{11}$$

$$a^6 \equiv 4 \pmod{11}$$

となり，$5 = \mathrm{ord}_{11}(4)$ は確かに $p-1 = 11-1 = 10$ を割り切っている。

これまでの考察から

- 位数 $h$ が $p-1$ と一致することはあるだろうか？

という疑問がわく。$p$ が素数ならば，そのような状況が必ずある。

**定理 2.8**　**原始根，生成元**

法 $p$ に関する自然数 $g$（ただし $1 \leqq g \leqq p-1$）の位数が $p-1$ に等しい時，「$g$ は法 $p$ のもとでの**原始根** (primitive root) である」という。特に，$p$ が素数ならば，原始根が少なくとも一つ存在する。この時

$$\{1, g \pmod{p}, g^2 \pmod{p}, \cdots, g^{p-2} \pmod{p}\}$$

と $\boldsymbol{Z}_p^*$ は（要素の並び順は違うかもしれないが）集合として等しいので，「$g$ は $\boldsymbol{Z}_p^*$ を生成する」といい，$g$ を $\boldsymbol{Z}_p^*$ の**生成元** (generator) ともいう。

**証明**　具体的に原始根を求めるアルゴリズムを提示することによって証明できる。実際，つぎのようにして求めることができる。

ステップ①：　$1 < a < p$ を満たす整数 $a$ を任意に選び，べき乗剰余

$$a^2 \pmod{p},\ a^3 \pmod{p},\ \cdots$$

を順次計算して，位数 $h_a = \mathrm{ord}_p(a)$ を求める（$1 < a$ より，$h_a > 1$ である）。$h_a = p-1$ ならば，$a$ は法 $p$ のもとでの原始根である。$h_a \neq p-1$ ならば，順次計算した値を手元に残したまま，ステップ②へ進む。

ステップ②： 法 $p$ のもとで $1, a, a^2, a^3, \cdots, a^{h_a-1}$ のいずれとも合同でない整数 $b$ を $1 < b < p$ の範囲から任意に選ぶ。ここでまた，べき乗剰余

$$b^2 \pmod p,\ b^3 \pmod p, \cdots$$

を順次計算して，位数 $h_b = \mathrm{ord}_p(b)$ を求める。この時，$h_a = mh_b$ を満たす自然数 $m$ が存在するならば

$$b^{h_a} = b^{mh_b} \equiv 1 \pmod p$$

となり，定理 2.7 より，$b$ は法 $p$ のもとで $1, a, a^2, \cdots, a^{h_a-1}$ のいずれかと合同になり，$b$ の取り方に矛盾する。よって，$h_b$ は $h_a$ を割り切らない。

もし $h_b = p-1$ ならば，$b$ は法 $p$ のもとでの原始根である。$h_b \neq p-1$ ならば，ステップ③へ進む。

ステップ③： $v$ を $h_a$ と $h_b$ の最小公倍数とすると，$h_a$ の因数 $t$ と $h_b$ の因数 $u$ であってたがいに素である $t$，$u$ を用いて $v = tu$ と書ける。すると，$c = a^{h_a/t} b^{h_b/u} \pmod p$ は法 $p$ に関する位数 $v$ を持つ。実際，$c^v = a^{uh_a} b^{th_b} \equiv 1 \pmod p$ であり，$v$ の最小性は，つぎのようにしてわかる。

整数 $x$ に対して $c^x \equiv 1 \pmod p$ が成り立つとすると

$$c^{tx} \equiv \left(a^{h_a} b^{th_b/u}\right)^x \equiv b^{xth_b/u} \equiv 1 \pmod p$$

となっていることがわかる。よって，定理 2.7 より，$xth_b/u$ は $h_b$ の倍数である。$t$ と $u$ はたがいに素なので，$x$ は $u$ の倍数である。同様に，$c^{ux}$ を考えれば，$x$ は $t$ の倍数でもあることがわかり，再び $t$ と $u$ がたがいに素であることを用いれば，$x$ は $tu$ すなわち $v$ の倍数である。

以上から，$v$ は法 $p$ に関する $c$ の位数となっていることが示せた。

先に示したように $h_b$ は $h_a$ を割り切らないので，$h_a$ と $h_b$ の最小公倍数 $v$ は $h_a$ よりも大きい。すなわち，先に検査した $a$ よりも位数の大きな $\boldsymbol{Z}_p^*$ の元 $c$ が見つかった。

ステップ④： $v = p-1$ ならば，$c$ が原始根である。$v \neq p-1$ ならば，たったいま検査した $c$ をステップ①の $a$ と見なしてステップ②に戻り，$b$ を選び直す。すると，原始根が見つかるか，または，先ほどよりも位数の大きな元が見つかる。いずれ，$(p-2)$ 回も繰り返さぬうちに，位数が $(p-1)$ の元すなわち原始根が見つかる。 （証明終わり）

法を素数に限らず，法として一般の自然数を考える場合にも，定理 2.6 と定理 2.7 に相当する定理が知られている。

---

**定理 2.9**　**オイラーの公式**

$n$ を 2 以上の自然数，$a$ を $n$ とたがいに素な自然数とする時

$$a^{\phi(n)} \equiv 1 \pmod{n}$$

が成り立つ。

**証明**　定理 2.9 は，オイラーのファイ関数の定義を素直に書き出して証明できる。すなわち，$\phi(n)$ は $\boldsymbol{Z}_n^*$ の要素の個数なので，$\boldsymbol{Z}_n^* = \{b_1, b_2, \cdots, b_{\phi(n)}\}$ と書くことにする。$i \neq j$ に対して $ab_i = ab_j \pmod{n}$ が成り立つとすると，$a$ が $n$ とたがいに素であることから存在する $a^{-1} \pmod{n}$ を両辺に乗じて $b_i = b_j \pmod{n}$ となり $i \neq j$ に反する。よって

$$\{b_1, b_2, \cdots, b_{\phi(n)}\}$$

および

$$\{ab_1 \pmod{n}, ab_2 \pmod{n}, \cdots, ab_{\phi(n)} \pmod{n}\}$$

は集合として等しいので，一方の集合の要素をすべて乗じたものと他方の集合の要素をすべて乗じたものは，法 $n$ のもとで合同である。

$$a^{\phi(n)} \prod_{j=1}^{\phi(n)} b_j \equiv \prod_{j=1}^{\phi(n)} b_j \pmod{n} \tag{2.35}$$

$b_1$, $b_2$, $\cdots$, $b_{\phi(n)}$ は $\boldsymbol{Z}_n^*$ の元ゆえ $n$ とたがいに素なので，それぞれ，法 $n$ のもとでの逆元が存在する。それらをすべて式 (2.35) の両辺に乗じれば

$$a^{\phi(n)} \equiv 1 \pmod{n}$$

が得られる。　　　　（証明終わり）

---

**定理 2.10　一般の法に関する位数**

$n$ を 2 以上の自然数，$a$ を $n$ とたがいに素な自然数とする時，$a^h \equiv 1 \pmod{n}$ を満たす最小のべき指数である自然数 $h$ が存在する。さらに，自然数 $h'$ に対して $a^{h'} \equiv 1 \pmod{n}$ が成り立つのは，$h$ が $h'$ を割り切る時であり，かつ，その時に限る。特に，$h$ は $\phi(n)$ を割り切る。このようなべき指数 $h$ を「法 $n$ に関する $a$ の位数 (order)」といい，$h = \mathrm{ord}_n(a)$ と書く。法 $n$ のもとで $1, a, a^2, \cdots, a^{h-1}$ はどの二つも合同でない。

オイラーの公式について考察した定理 2.10 は，フェルマーの小定理について考察した定理 2.7 と同様にして証明できる。

**例 2.4　一般の法に関する位数の数値例**

$n = 15$，$a = 8$ の時

$$a^2 = 64 \equiv 4 \pmod{15} \qquad a^3 \equiv 32 \equiv 2 \pmod{15}$$
$$a^4 \equiv 16 \equiv 1 \pmod{15} \qquad a^5 \equiv 8 \pmod{15}$$

となり，$4 = \mathrm{ord}_{15}(8)$ は確かに $\phi(15) = \phi(3 \cdot 5) = (3-1) \cdot (5-1) = 8$ を割り切っている。

### 2.4.2　教科書的 RSA 暗号

三人の共同発明者（Ron Rivest，Adi Shamir，Leonard Adleman の三氏）の頭文字にちなんで **RSA 暗号** (RSA encryption) と呼ばれている暗号は，公開鍵暗号の分野を開拓した技術の一つとして知られている。ただし，基礎となるアルゴリズムそのままでは IND-CCA2 を満たせず，使えない。その注意を込めて，**教科書的 RSA 暗号** (textbook RSA encryption) と呼ばれることも多い。暗号化と復号のアルゴリズムだけでなく，公開鍵と秘密鍵に数学的な関係を持たせる鍵生成アルゴリズムも含めて，一式で一つの技術と見なすべきものである。

**定義 2.5　教科書的 RSA 暗号のアルゴリズム**

**鍵生成：** パラメータサイズを指定し，つぎの手順で公開鍵と秘密鍵を生成する。

① 指定されたサイズの十分大きな二つの異なる（しかし，同程度の大きさの）素数 $p$ と $q$ をランダムに生成する†1。

② $n = pq$ を計算する。この $n$ を **RSA 合成数** (RSA composite) と呼ぶ。さらに，$\Phi = \phi(n) = (p-1)(q-1)$ を計算する。この計算を終えたら，$p$ と $q$ をメモリから消去する。

③ $1 < e < \Phi$ で $\Phi$ とたがいに素な自然数 $e$ を生成する。

④ 拡張ユークリッドの互除法で $1 < d < \Phi$, $ed \equiv 1 \pmod{\Phi}$ を満たす自然数 $d$ を計算する。この計算を終えたら，$\Phi$ をメモリから消去する。

⑤ $(n, e)$ を公開鍵とし，$d$ を秘密鍵とする†2。

**暗号化：** $\boldsymbol{Z}_n$ の元である平文 $x$ を受けて，次式で暗号文 $y$ を生成する。

$$y = x^e \pmod{n}$$

**復　号：** $\boldsymbol{Z}_n$ の元である暗号文 $y$ を受けて，次式で平文 $x$ を生成する。

$$x = y^d \pmod{n}$$

---

定義 2.5 に従って確かに復号できることは，場合分けして確かめられる。

†1 素数は無限に存在し，しかも，暗号のパラメータとして実用に耐える大きさの整数になっても，十分な密度で分布していることがわかっている。「ある条件を満たす大きな奇数をランダムに生成し，その数が素数であるかどうかを（十分に小さな誤り確率で）高速に判定する素数判定アルゴリズムに入力して素数と判定されたら採用する」という手順で，大きな素数を生成する場合が多い。

†2 「鍵」と聞くと，「一つのパラメータから成るのだろう」と思うかもしれないが，そうとは限らない。実際，RSA 暗号の公開鍵は二つのパラメータの組である。

**$\boldsymbol{x}$ が $\boldsymbol{p}$ の倍数でも $\boldsymbol{q}$ の倍数でもない時：** $x$ は $n=pq$ とたがいに素であり，整数 $ed-1$ は $\Phi$ で割り切れるので，定理 2.9 より

$$y^d \equiv x^{ed} \equiv x^{ed-1+1} \equiv x \pmod{n}$$

**$\boldsymbol{x}$ が $\boldsymbol{p}$ または $\boldsymbol{q}$ の倍数の時：** $x$ が $p$ の倍数の時について示せば，$x$ が $q$ の倍数の時についても同様なので，十分である。
$x$ が $p$ の倍数ならば $x \equiv 0 \pmod{p}$ なので

$$y^d \equiv x^{ed} \equiv 0 \pmod{p}$$

となる。よって，$y^d - x$ は $p$ で割り切れる。
さらに，$p$ と $q$ がたがいに素で $x(< n = pq)$ が $p$ の倍数であり，$x = pq'$ と因数分解した時の $q'$ が $q$ 未満なので，$x$ は $q$ で割り切れない。よって，定理 2.6 の後半より

$$x^{q-1} \equiv 1 \pmod{q}$$

となる。ここで，整数 $ed-1$ は $\Phi = (p-1)(q-1)$ で割り切れるので，$(q-1)$ でも割り切れるということに注意すれば

$$y^d \equiv x^{ed} \equiv x^{ed-1+1} \equiv x \pmod{q}$$

となる。よって，$y^d - x$ は $q$ でも割り切れる。$p$ と $q$ はたがいに素であるから，$y^d - x$ は $pq(=n)$ で割り切れることになり

$$y^d \equiv x \pmod{n}$$

であることがわかる。

健全性を確認できたので，つぎの四つの問題の間の関係を考えて安全性を考察しよう。

**定義 2.6　RSA 暗号の安全性を考察する四つの問題**

**問題 1：** RSA 合成数 $n$ を素因数分解して $p$ と $q$ を求める。

**問題 2：** RSA 合成数 $n$ から $\Phi$ を求める。

**問題 3：** 公開鍵 $(n, e)$ から秘密鍵 $d$ を求める。

**問題 4：** 公開鍵 $(n, e)$ と暗号文 $y$ から平文 $x$ を求める。この問題を，特に，**RSA 問題** (RSA problem) という。

---

問題 1 を多項式時間内に解くことができれば，$\Phi = (p-1)(q-1)$ ゆえ問題 2 もただちに解ける。そして，鍵生成アルゴリズムから，問題 3 と問題 4 も解ける。よって，量子計算機が実用化されて問題 1（大きな自然数の素因数分解問題）が容易に解けるようになれば，教科書的 RSA 暗号は安全ではなくなる。

問題 1 を多項式時間内に解けなければ，教科書的 RSA 暗号は問題 2, 3, 4 のどれが解けないという意味で安全だろうか。そのいくつかを考察しよう。

**主張 1：**「問題 2 が解けない」という意味では安全である。

問題 2 が容易に解けるならば，$p+q = pq+1-(p-1)(q-1) = n+1-\Phi$ が求まり，その値と $pq(=n)$ の値から，二次方程式を解いて $p$ と $q$ を求めることができる。つまり，問題 1 を容易に解けたことになり，矛盾である。よって，背理法により，「問題 2 は容易に解けない」といえる。

**主張 2：**「$p$ と $q$ は相異なるが同程度の大きさである」ことの意味が $p < q < 2p$ であり，かつ，$ed \leqq n^{3/2}$ である場合には，「問題 3 が解けない」という意味でも安全である。

この主張 2 の証明も，背理法で行う。

問題 3 が容易に解けるとする。鍵生成アルゴリズムより，$ed-1 = m\Phi$ を満たす整数 $m$ が存在する。よって，この $m$ さえ求まれば，公開されている $e$ の値と，問題 3 を解いて求めた $d$ の値から $\Phi$ が求まり，主張 1 の証明と同様にして $p, q$ も求まる。よって，$m$ の求め方を示せればよい。

「素数 $p$ と素数 $q$ は非常に大きいのだから，$n$ すなわち $pq$ と $\Phi$ すなわち

$(p-1)(q-1)$ はかなり近い値だろう」と期待し，$m$ の推定値として

$$\frac{ed-1}{n}\ (<m)$$

を考える。推定値を思いついたので，推定誤差を評価したい。

まず，$p$ も $q$ も十分大きいので

$$(p-1)(q-1) > \frac{pq}{2} = \frac{n}{2}$$

である。また，$p<q<2p$ より $p<n^{1/2}<q<2p<2n^{1/2}$ なので

$$p+q<3n^{1/2}$$

である。条件 $ed \leqq n^{3/2}$ にも注意すれば，推定誤差は

$$m-\frac{ed-1}{n} = \frac{ed-1}{\Phi}-\frac{ed-1}{n} = \frac{ed-1}{(p-1)(q-1)}-\frac{ed-1}{pq}$$
$$= \frac{(ed-1)(p+q-1)}{pq(p-1)(q-1)} < \frac{n^{3/2}\cdot 3n^{1/2}}{n\cdot(n/2)} = 6$$

と評価できる。ゆえに，$(ed-1)/n$ より大きな最小の整数を $m_0$ として，$j=0,1,2,3,4,5$ に対して以下の試みをすれば，いずれかの場合に必ず $n$ の素因数分解に成功する。

① $m=m_0+j$ として，$\Phi=(ed-1)/m$ を求める。

② 先の①で求まった値が整数ならば正しい $\Phi$ の値かもしれないので，$p+q=n+1-\Phi$ の値と $pq(=n)$ の値から二次方程式を解いて $p$, $q$ を求める。得られた $p$, $q$ がともに素数ならば，素因数分解の一意性から，これが $n$ の正しい素因数分解を与えている。

### 2.4.3 公開鍵暗号スキームへの安全性強化

定義 2.5 のアルゴリズムが “教科書的”RSA 暗号と呼ばれる理由は，それだけでは脆弱で使えないからである。まず，同じ平文を同じ鍵で暗号化した結果

はつねに同じ暗号文になるので，識別不可能性を満たせない[†]。また，選択暗号文攻撃を受けると，以下の手順によって一方向性すら破られる。

① 攻撃対象の暗号文を $y = x^e \pmod n$ とする。

② RSA 合成数 $n$ とたがいに素な $r$ を平文空間から任意に選んで $y' = r^e \cdot y \pmod n$ を計算し，クエリとして復号オラクルへ送る。

③ 復号オラクルからの応答 $x'$ を受けて，$x' \cdot r^{-1} \pmod n$ を計算すれば，その結果が $x$ である。

そこで，RSA 暗号を実装する際には，通常，

- ランダムネスを導入する。
- 「復号計算の結果である数値をいつも正直に出力する」ということはせず，異常を察知したらエラーを返す。

という安全性強化の工夫を凝らす。公開鍵暗号では，元の“教科書的”なものを「アルゴリズム」あるいは「プリミティブ」と呼んで，安全性強化をしたものを「方式」あるいは「**スキーム** (scheme)」と呼び，区別することがある。典型的な安全性強化方法を記述するために，まず，ある理想的なランダム関数の概念を導入しよう。

**定義 2.7　ランダムオラクル**

関数 $H$ の定義域を $X$，値域を $Y$ とする。以下の四つの条件が満たされている時，$H$ を**ランダムオラクル** (random oracle) という。

① $H$ に関して，だれでもアクセスできる（すなわち，クエリを送って応答を返してもらえる）オラクルが存在する。

② そのオラクルは，一度も受け取ったことのないクエリ $x \in X$ に対しては，応答 $H(x) \in Y$ を $Y$ の要素の中から一様ランダムに決めて返す。

③ そのオラクルは，過去に受け取ったことのあるクエリ $x \in X$ に対し

† 公開鍵暗号では，攻撃者も公開鍵を知っていて暗号化できるので，どちらの平文が選ばれたのか識別するためにそれぞれの平文を自分で暗号化してみればそれで済む。

ては，過去と同じ応答を返す。

④ だれもそのオラクルにクエリとして送ったことがない任意の $x \in X$ に対して，$H(x)$ を知る手段は，そのオラクルにクエリ $x$ を送って応答を受け取るという手段しか存在しない。

---

ランダムオラクルの存在を仮定して安全性を論じるモデルを，**ランダムオラクルモデル** (random-oracle model) と呼ぶ。直感的には

- すべての入力に対して出力値をそれぞれ具体的に記した巨大な表があり，「その表で定義される関数であって，その表から読み取るしか『表の中でまだだれも読み取っていない箇所』の値を知る方法がないにも関わらず，読取り作業に時間がかからない（しかも，世界中のだれでもすぐにその表にアクセスできる）ような理想的なランダム関数」が存在する

というモデルである。ランダムオラクルは実際には存在しないが，できるだけ近い状況を実現すべく，暗号学的ハッシュ関数を利用して構成される。

---

**定理 2.11　OAEP による RSA 暗号の安全性強化**

教科書的 RSA 暗号を部品として用いて，暗号化と復号をつぎのようにして行う暗号方式は，RSA 問題を解くのが困難で $h_1$ と $h_2$ をランダムオラクルと仮定すると，IND-CCA2 を満たす。

**鍵生成とスキームパラメータの設定：** セキュリティパラメータとしてパラメータサイズを指定し，定義 2.5 と同じ鍵生成アルゴリズムで，公開鍵と秘密鍵を生成する。指定されたパラメータサイズを（教科書的 RSA 暗号の）平文と暗号文のビット長で表現すると，$k$ ビットであるとする。また，安全性強化後に一度に処理できる平文の長さを $k_1$ ビット，導入したいランダムネスを $k_0$ ビットとする。ただし，$k - k_0 - k_1 > 0$ となるように設定する。また，$k_0$ ビットの入力を受けて $(k - k_0)$ ビットの出力を出すランダム関数 $h_1$ と，$(k - k_0)$ ビットの入力を受けて $k_0$ ビッ

トの出力を出すランダム関数 $h_2$ を用意する。

**暗号化：** 以下の手順で，$k_1$ ビットの平文 $x$ を暗号化して，$k$ ビットの暗号文 $y$ を出力する。

① $k_0$ ビットの乱数 $r$ を生成する。

② $x$ に $(k-k_0-k_1)$ ビットの 0 をパディングして $(k-k_0)$ ビットにしたものを，$x_1 = x \| 0^{(k-k_0-k_1)}$ とする。

③ $h_1$ と $h_2$ を用いて

$$s = x_1 \oplus h_1(r)$$

$$t = r \oplus h_2(s)$$

を求める。

④ $k$ ビットの $s \| t$ を教科書的 RSA 暗号の暗号化アルゴリズムで暗号化した結果を暗号文 $y$ とする。

**復　号：** 以下の手順で，$k$ ビットの暗号文 $y$ を復号して，$k_1$ ビットの平文を出力するか，またはエラー信号を出力する。

① $y$ を教科書的 RSA 暗号の復号アルゴリズムで復号した結果を二進数で表現し，先頭（左）から $(k-k_0)$ ビットを $s'$，残りの $k_0$ ビットを $t'$ とする。

② $r' = t' \oplus h_2(s')$ を求める。

③ $x'_1 = s' \oplus h_1(r')$ を求める。

④ $x'_1$ の右から $(k-k_0-k_1)$ ビットがすべて 0 ならば，$x'_1$ の残りの $k_1$ ビットを復号結果の平文として出力する。さもなければ，エラー信号を出力する。

---

定理 2.11 のようにして公開鍵暗号の安全性を強化する方式を，**OAEP** (optimal asymmetric encryption padding) という。OAEP には一般性があり，教科書的 RSA 暗号の部分をほかの公開鍵暗号アルゴリズムに置き換えても，そのアルゴリズムが「落とし戸付き一方向性置換」としてモデル化されたある条

件を満たせば，IND-CCA2 を達成できることが知られている。また，OAEP よりもさらに工夫を凝らした方式も知られている。それらの方式や，定理 2.11 の証明は，本書の範囲を超えるので割愛する†1。ここでは，ある程度のコストをかけて安全性強化が実現されていることを見ておこう。実際，元の教科書的 RSA 暗号では平文も暗号文も $k$ ビットであって，その意味では通信オーバーヘッド（暗号化することによって，送信すべきデータのサイズが増す増加分）がなかった。一方，OAEP では，$(k-k_1)$ ビットだけ通信オーバーヘッドが生じている†2。また，計算負荷も，乱数生成や $h_1$ の $h_2$ の計算などにより，やや増大している。

例えば，RSA 合成数のサイズを $k = 2048$ ビットとし，ランダムネスを $k_0 = 256$ ビットの乱数でもたらす場合を考えよう。0 でパディングするビット長を 32 ビット以上確保しなければならないとすると，処理できる平文はせいぜい 1760 ビットとなる。また，$h_1$ は 256 ビットの入力を受けて 1792 ビットの出力を出し，$h_2$ は 1792 ビットの入力を受けて 256 ビットの出力を出すことになる。圧縮関数の定義域を拡張してハッシュ関数を構成したことを考えれば，$h_1$ は，ハッシュ関数を「そのまま使う」というイメージに合わず違和感がある。

- 通信オーバーヘッドをあまり大きくしたくない。
- 暗号プリミティブが適切に設計されていれば，ブロック暗号の鍵長やその動作モードにおける初期ベクトルのサイズ，あるいは，ハッシュ関数の出力長などが，「攻撃者に強いるしらみつぶし探索の複雑度」をおおむね決める。暗号方式が適切に設計されていれば，ランダムネスの源に求めるサイズが，同様の役割を果たす。

と考えるならば，この違和感は避け難い。また，$h_1$ と $h_2$ では，出力長と入力長が入れ替わっている。ほかにもいくつか理由があり，プリミティブとしての

---

†1 本書で省略した安全性証明のいくつかは，例えば，文献2) で解説されている。

†2 ただし，教科書的 RSA 暗号においても，平文と暗号文を $\boldsymbol{Z}_n$ の元とした時点で，通信オーバーヘッドを生じ得る。暗号化したい情報が RSA 合成数 $n$ よりもはるかに小さい数で表現できている場合でも，$n$ と同サイズの暗号文を送らなければならないからである。

ハッシュ関数をそのまま使うのではなく，ハッシュ関数を利用してランダムオラクル部分を「構成する」というアプローチの実装が多い。そして，ビットごとの排他的論理和で足し合わされる系列を出力するということを踏まえ，$h_1$ や $h_2$ を**マスク生成関数**（**MGF**: mask generation function）と呼ぶ†。

### 2.4.4 KEM-DEM

システムに $N$ 人のユーザがいて，任意の二人組の間で暗号化通信を実現したい場合，共通鍵暗号では ${}_NC_2$ 個すなわち $N^2$ のオーダーの個数の鍵がシステムに必要となる。一方，公開鍵暗号では，各自に対して秘密鍵と公開鍵の組があれば十分なので，システムに必要な鍵の個数は $N$ のオーダーである。こうして，不特定多数の相手と暗号化通信をする可能性のある大きな基盤的システムでは，鍵管理の観点で公開鍵暗号に利点がありそうなことがわかる。しかし，公開鍵暗号は，共通鍵暗号と比べて計算速度や通信負荷の観点でコストが高い。そこで，実際にはつぎのようにハイブリッドな使い方をされることが多い。

① 通信の開始から終了までを管理する一つの単位のことを**セッション**という。セッションごとに使い捨ての鍵（セッション鍵）を用いることとし，セッション鍵を公開鍵暗号で暗号化して送る。

② セッション鍵を共通鍵暗号の秘密鍵として用いて，平文をセッション鍵で暗号化して送る。

この①を**鍵カプセル化機構**（**KEM**: key-encapsulation mechanism）と呼び，②を**データカプセル化機構**（**DEM**: data-encapsulation mechanism）と呼ぶことがある。また，両者を合わせて**ハイブリッド暗号**（hybrid encryption）と呼ぶこともある。カプセル化という語は

- 暗号化で外から見えないようにする（カプセルの中へ入れる）。
- どのような機構であるか（暗号アルゴリズムやバージョンの選定，動作モードの指定，あるいは鍵の指定など）を示す情報（いわばラベル）を外に明示する（カプセルの殻に貼る）。

† 平文に足し合わされる系列を出力する $h_1$ のみを MGF と称する流儀もある。

というイメージから，暗号化を実装に近い視点で考える時によく用いられる。

KEM-DEM に加えて，KEM で用いる鍵を生成する仕組みも合わせて形式化し，**KEM-DEM の枠組み** (KEM-DEM framework) などと呼ぶこともある。この場合，公開鍵暗号の用途が特定用途になるので，形式化に伴って KEM-DEM に特化した安全性定義を考えることが有意義になる。

**定義 2.8　KEM-DEM の枠組み**

公開鍵暗号と共通鍵暗号が利用可能な時，ハイブリッド暗号を構成する三つのアルゴリズムを定義し，合わせて KEM-DEM の枠組みとする。

**鍵生成：** パラメータサイズを指定し，公開鍵と秘密鍵を生成する。

**鍵カプセル化：** セッション鍵を生成し，そのセッション鍵を公開鍵暗号で暗号化して送る[†1]。

**データカプセル化：** セッション鍵を共通鍵暗号の秘密鍵として用いて，平文をセッション鍵で暗号化して送る。

鍵カプセル化に関する達成度は，公開鍵暗号で一般に用いられる識別不可能性をセッション鍵の暗号化に特化して定義する。

**鍵カプセル化の鍵識別不可能性：** 挑戦者は，二つのセッション鍵の候補を一様ランダムに生成し，最初の候補を鍵カプセル化する[†2]。続いて，挑戦者は，先ほどの二つのセッション鍵の候補から一方をランダムに選び，それを先ほど鍵カプセル化した結果（公開鍵暗号の暗号文）に添えて攻撃者へ送る。攻撃者は，鍵カプセル化に使われた方のセッション鍵が添えられたのか，使われなかった方のセッション鍵が添えられたのかを推測して回答する。この時，攻撃者が 50%よりも有意に高い確率で正しく推測できないならば，「鍵識別不可能性が満たされている」という。

---

†1 広義には，暗号化以外の公開鍵暗号を利用してセッション鍵を共有する場合も含む。

†2 能動的な攻撃モデルと組み合わせた安全性定義を考える場合には，「攻撃者と挑戦者の間の最初の一連のクエリと応答のやり取りを終えて鍵識別不可能性の出題に移行するための合図」を攻撃者から挑戦者へ送るというステップが加わり，その合図を受取り次第挑戦者が鍵の候補のランダム生成を行う。

## 2.5 電子署名

共通鍵暗号と比べ，公開鍵暗号の方が，不特定多数の相手と通信する可能性のある基盤的システムに向いていた。メッセージ認証に関しては，どうだろうか。図 2.9 のメッセージ認証機構では，送信者と受信者が秘密鍵を共有する必要があり，共通鍵暗号と同様の問題を抱えている。当然，KEM-DEM の考え方の KEM の段階で共通鍵暗号の秘密鍵だけでなくメッセージ認証用の鍵も送るという考え方がある。

実際，3 章で学ぶ Web の暗号化通信では，そのような仕組みが用いられる。ところが，暗号技術の応用には，それだけでは解決できない問題がある。当事者間の紛争である。

例えば，契約書を暗号化通信で送ったとしよう。完全性も大切なので，メッセージ認証機構も用いたとする。しかし，秘密鍵を共有して実現するメッセージ認証機構では，送信者と受信者の間で「自分が合意した内容と異なっている。契約書もメッセージ認証子も，相手が改ざんしたでっちあげである」などの主張で紛争が発生した場合に，それを解決できない。実際，両者ともに同じ秘密鍵を持っており，契約書を改ざんした時にはそれに対する認証子を自分で計算することができる。そのため，どちらの主張が正しいかを，第三者が検証できないのである。この問題の克服に役立つ手段の一つが，電子署名である。

### 2.5.1 安全性定義

**図 2.11** に，電子署名によるメッセージ認証機構の基本的な例を示す。

電子署名では，完全性を検証する対象であるメッセージを，**文書**と呼ぶことにする。公開鍵暗号の場合と同様に，鍵生成アルゴリズムが秘密鍵と公開鍵を生成する。公開鍵はだれもが使用できるが，秘密鍵は各自が秘匿性を保って保管するものであり，署名生成の際にしか使われない。公開鍵は，少なくとも署名検証の際に用いられるが，署名生成の際にも用いることができる。秘密鍵（署名生成鍵）を用いなければ生成できないはずの認証子を署名生成アルゴリズム

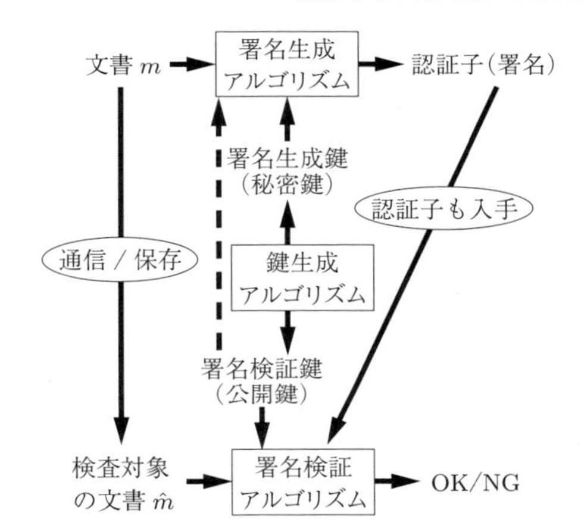


**図 2.11** 電子署名によるメッセージ認証機構の例

で生成し，それを電子署名とする†。署名検証者は，通信や保存を経て改ざんされているかもしれず検査対象となっている文書を，電子署名および公開鍵（署名検証鍵）とともに署名検証アルゴリズムに入力する。署名検証アルゴリズムは，確かに署名生成鍵の所有者が生成したものであって改ざんなしと判断する (OK) か，異常ありと判断する (NG) かを出力する。

安全性定義は，達成度と攻撃モデルの組で考える。

電子署名による安全性の達成度としては

- どのような文書に対しても，正しい署名を偽造できない。

という性質を考える。これを，**存在的偽造不可能性** (**EUF**: existential unforgeability) という。また，電子署名もさまざまなシステムで要素技術として使われるため，攻撃モデルとしては

- 攻撃者は，選択した文書を署名生成オラクルへクエリとして送り，その文書に対する正しい署名を応答として受け取って観測できる。さらに，それまでに観測した結果に応じて適応的に選択した文書をクエリとして用いて，それらに対する正しい署名を観測できるというモデルを考える。

これを**適応的選択文書攻撃** (**ACMA**: adaptive chosen-message attack) という。目標とする安全性定義は，EUF-ACMA である。

† 文脈から明らかな場合には，電子署名を単に**署名**ともいう。

### 2.5.2 教科書的 RSA 署名

われわれはすでに教科書的 RSA 暗号を学んだので，同様の数学的な仕組みを利用した電子署名アルゴリズムをただちに理解できる。

**定義 2.9　教科書的 RSA 署名のアルゴリズム**

**鍵生成：** パラメータサイズを指定し，定義 2.5 の教科書的 RSA 暗号と同じ手順で公開鍵 $(n, e)$ と秘密鍵 $d$ を生成する。$n$ は RSA 合成数である。

**署名生成：** $\boldsymbol{Z}_n$ の元である文書 $x$ を受けて，つぎの式で署名 $y$ を生成する。

$$y = x^d \pmod n$$

**署名検証：** 文書 $x$ と署名 $y$ を受けて，つぎの検査式が成り立てば OK を出力し，成り立たなければ NG を出力する。

$$y^e = x \pmod n$$

---

署名生成後に文書が改ざんされていない場合に検査式が成り立つことは，教科書的 RSA 暗号と同様にして確認できる。「RSA 合成数を素因数分解する問題が困難ならば，公開鍵だけから秘密鍵を求めることは困難である」などの基本的な考察も，教科書的 RSA 暗号と同様である。

### 2.5.3 電子署名スキームへの安全性強化

定義 2.9 の電子署名アルゴリズムは，それだけでは EUF-ACMA を満たせないので，“教科書的”RSA 署名と呼ばれる。実際，つぎのように簡単な攻撃（正しい文書と署名の組を観測する必要がない攻撃）で，「署名検証で OK を出す文書と署名の組」を生成できる（よって EUF を満たせない)。

① 適当な $y \in \boldsymbol{Z}_n$ を選ぶ。

② $x = y^e \pmod n$ を計算すれば，$y$ は $x$ の正しい署名になっている。

これに加えほかにも安全性の問題があるだけでなく，教科書的 RSA 署名では，署名対象の文書が $\boldsymbol{Z}_n$ の元に限られ，任意長の文書を処理できない。そのため，電子署名方式へと安全性強化して利用することになる。最も単純な方式は，**RSA-FDH 署名方式**[†]である。

---

**定理 2.12**　**RSA-FDH 署名のアルゴリズム**

以下の署名方式は，RSA 問題を解くのが困難で $h$ がランダムオラクルならば，EUF-ACMA を満たす。

**鍵生成：** パラメータサイズを指定し，定義 2.5 の教科書的 RSA 暗号と同じ手順で公開鍵 $(n, e)$ と秘密鍵 $d$ を生成する。$n$ は RSA 合成数である。また，任意長入力で，出力長が $n$ と同じサイズのランダム関数 $h$ を用意する。

**署名生成：** 任意長の文書 $x$ を受けて，つぎの式で署名 $y$ を生成する。

$$y = \{h(x)\}^d \pmod n$$

**署名検証：** 文書 $x$ と署名 $y$ を受けて，つぎの検査式が成り立てば OK を出力し，成り立たなければ NG を出力する。

$$y^e = h(x) \pmod n$$

---

公開鍵暗号の場合の OAEP のように，一般性の高い方式で教科書的 RSA 署名の安全性強化をする手法としては，**PSS** (probabilistic signature scheme) という方式がよく知られている。ここでは，「公開鍵暗号だけでなく電子署名においても，プリミティブなアルゴリズムを安全な方式に高めて使う」という考え方があることを知るにとどめ，それ以上の詳細は追わない。なお，PSS には，どちらかといえば安全性よりも効率性の観点から改良を試みたいくつかの異なるバージョンがあり，つぎの定理 2.13 の方式は PSS の一例に過ぎない。

† **FDH** は full domain hash の略である。教科書的 RSA 暗号の平文と同じサイズの出力を出すので，OAEP のマスク生成関数と同様に，定理 2.12 の $h$ には違和感がある。そのため，単にハッシュ関数とは呼ばず，FDH と呼ぶ（“domain” は**定義域**の意）。

**定理 2.13　PSS による RSA 署名の安全性強化の例**

以下の署名方式は，RSA 問題を解くのが困難で $h_1$ と $h_2$ がランダムオラクルならば，EUF-ACMA を満たす。

**鍵生成とスキームパラメータの設定：** パラメータサイズを指定し，定義 2.5 と同じ鍵生成アルゴリズムで，公開鍵 $(n, e)$ と秘密鍵 $d$ を生成する。ここで，RSA 合成数 $n$ のサイズが $k$ ビットであるとする。また，ランダムネスを導入する乱数と異常を検知するパディングのサイズをそれぞれ $k_0$ ビット，$k_1$ ビットとする。さらに，任意長入力で出力が $(k-k_0-k_1-1)$ ビットのランダム関数 $h_1$ と，入力が $(k-k_0-k_1-1)$ ビットで出力が $(k_0+k_1)$ ビットのランダム関数 $h_2$ を用意する。

**署名生成：** 任意長の文書 $x$ を受けて，つぎの手順で署名 $y$ を生成する。

① $k_0$ ビットの乱数 $r$ を生成する。

② 関数 $h_1$ と関数 $h_2$ を用いて，次式を求める。

$$w = h_1(x\|r), \quad t = h_2(w) \oplus \left(r\|0^{k_1}\right), \quad u = 0\|t\|w$$

③ $y = u^d \pmod n$ を署名（認証子）とする。

**署名検証：** 文書 $x$ と署名 $y$ を受けて，つぎの手順で署名を検証する。

① $u' = y^e \pmod n$ を求め，この $u'$ の最初の（一番左の）1 ビットを $a$，つぎの $(k_0+k_1)$ ビットを $t'$，残りの $(k-k_0-k_1-1)$ ビットを $w'$ とする。

② $t' \oplus h_2(w')$ を求め，この $t'$ の最初の $k_0$ ビットを $r'$，残りの $k_1$ ビットを $b$ とする。

③ つぎの検査式がすべて成り立てば OK を出力し，一つでも成り立たなければ NG を出力する。

$$a = 0,\ b = 0^{k_1}, \quad w' = h_1(x\|r')$$

### 2.5.4 否　認　不　可

電子署名には，PSS などの方式への安全性強化だけでは実現できない重要な性質がある。例えば，秘密鍵を所有者が意図的に漏洩させたとする。そして，その所有者が「漏洩した秘密鍵を悪用してだれかが偽造した」と主張し，過去に自分が署名した文書を無効にしようと試みるとどうなるだろうか。もし，このような試みで過去の署名行為を否認できるならば，電子署名の役割を果たせなくなる可能性がある。よって，一度署名を生成したらその否認行為をできない，という性質を実現したい。このような性質を，**否認不可能性**あるいは単に**否認不可** (non-repudiation) という。

否認不可能性は，本人による秘密鍵の読出しをハードウェア的にも制限するという意味での耐タンパー性 (tamper-proofness) や，完全性検証可能なタイムスタンプとの併用などの技術的な手法だけでなく，法的有効性を推定する要件を定める法制度や，秘密鍵（署名生成鍵）の管理義務に関係する約款などにも依存する。また，故意の秘密鍵漏洩だけでなく，電子署名アルゴリズムや電子署名方式の脆弱性が署名生成後に発見された場合にも，問題が生じ得る。電子署名の安全性のすべてを，技術的な要件だけで議論するのは難しい。

## 演　習　問　題

〔**2.1**〕 2.2.2 項で示した差分攻撃のステップ③で第 3 ラウンドの S 箱の出力差分が得られていることを証明せよ。同じく，ステップ④で第 3 ラウンドの S 箱の入力差分が得られていることを証明せよ。

〔**2.2**〕 $N$ ビットの秘密鍵 $K$ と $N$ ビットの初期ベクトル $IV$ を共有している送信者と受信者が，ブロック長 $N$ ビットの共通鍵ブロック暗号で暗号化通信をしている。ただし，$N \geqq 64$ とする。秘密鍵 $K$ による暗号化と復号をそれぞれ $E_K$，$D_K$ とする。

送信者がつぎの手順で生成した暗号文 $c_1, c_2, \cdots, c_n$ を送信した時，受信者が行うべき復号の手順を示し，この動作モードの特徴を考察せよ。

(1) まず，平文を $r$ ビットずつに区切り，$n$ 個のブロック $m_1, m_2, \cdots, m_n$ を得た (ただし，$N/2 < r < N$, $n > 2$ であって，受信者は $r$ の値をあらかじめ知っているとする)。パディングは必要なかった。

(2) つぎに，$x_1 = IV$ とし，$j = 1, 2, \cdots, n$ に対してこの順に以下を実行した。

**（暗号文ブロックの生成）**　$E_K(x_j)$ の下位 $r$ ビットと $m_j$ との間でビットごとに排他的論理和をとり，その結果を $c_j$ とする。

**（レジスタの更新）**　$x_j$ の上位 $(N-r)$ ビットを $x_{j+1}$ の下位 $(N-r)$ ビットにコピーし，$c_j$ を $x_{j+1}$ の上位 $r$ ビットにコピーする。

〔**2.3**〕 ハッシュ関数の衝突発見困難性を破ろうとする攻撃者の計算能力を評価して「誕生日攻撃における試行回数として $2^a$ を考える必要がある」と判断したとする。この時，ハッシュ値のビット長 $b$ を $a \ll b$ となるように設定することの意義を考察せよ。

〔**2.4**〕 メッセージ認証機構への攻撃者が，秘密鍵を知らずに，有効な認証子を偽造したいと考えているとする。より詳細には，攻撃モデルとして，攻撃者が選んだメッセージ（ただし，達成度を論じるやり取りで用いられるメッセージは除く）をクエリとして認証子生成オラクルへ送り，そのメッセージに対する認証子をオラクルからの応答として観測できる選択文書攻撃 (CMA: chosen-message attack) を考える。また，達成度として，「クエリで用いられていないいかなるメッセージに対しても，有効な認証子を偽造できない」という存在的偽造不可能性 (EUF: existential unforgeability) を考える。

図 2.9 のメッセージ認証機構において，ハッシュ値のサイズが 256 ビットであり，鍵 $k$ のサイズも 256 ビットであるとする。また，ハッシュ関数 $H$ が，1024 ビットの入力を 256 ビットの出力に圧縮する衝突発見困難な一方向性関数 $h$ を部品として Merkle-Damgård 構成によって構成されているとする。この時，安全性定義 EUF-CMA が満たされているかどうか，511 ビットの適当なメッセージ $x$ から成るクエリで始まる攻撃を考えて論ぜよ。

〔**2.5**〕 RSA 暗号において，RSA 合成数 $n$ は全ユーザ共通にせず，ユーザごとに異なる値を用いなければならない。その理由を説明せよ。

〔**2.6**〕 つぎのように定義される公開鍵暗号について，確かに復号できるという意味での健全性を確認せよ。また，この暗号化で生じる通信オーバーヘッドについて考察せよ。なお，この公開鍵暗号は，教科書的エルガマル暗号 (textbook ElGamal encryption) という。公開鍵暗号では，この暗号のように，暗号文が複数のパラメータから成るものもある。

**鍵生成：**　パラメータサイズを指定し，つぎの手順で公開鍵と秘密鍵を生成する。

(1) 指定されたサイズの十分大きな素数 $p$ および $\boldsymbol{Z}_p^*$ の生成元 $g$ を選ぶ。

(2) 秘密鍵 $x$ を $\boldsymbol{Z}_{p-1}$ からランダムに選び，$y = g^x \pmod{p}$ を計算する。

(3) $(p, g, y)$ を公開鍵とし，$x$ を秘密鍵とする。

**暗号化：**　$\boldsymbol{Z}_p$ の元である平文 $m$ を受けて，つぎの手順で暗号文 $(c_1, c_2)$ を生成する。

(1) パラメータ $r$ を $\boldsymbol{Z}_{p-1}$ からランダムに選ぶ。

(2) $c_1 = g^r \pmod p$ と $c_2 = m \cdot y^r \pmod p$ を計算する。

(3) $(c_1, c_2)$ を暗号文とする。

**復　号：**　暗号文 $(c_1, c_2)$ を受けて，次式で平文 $m$ を求める。

$$m = c_2 \cdot c_1^{p-1-x} \pmod p$$

〔**2.7**〕 以下の手順は，教科書的 RSA 署名に対して成功する選択文書攻撃を記している。空欄を埋めよ。また，クエリとして文書を一つしか送ることが許されていない場合に，具体的な攻撃対象の文書 $x_3$ に対する署名を偽造する攻撃の手順を考えよ。ただし，公開鍵を $(n, e)$，秘密鍵を $d$ とする（$n$ は RSA 合成数）。

(1) 二つの文書 $x_1$ と $x_2$ を選択し，クエリとして署名生成オラクルへ送る。

(2) それぞれへの応答として受け取った署名を $y_1$, $y_2$ とする。

(3) 文書 空欄（ア） に対する正しい署名として，空欄（イ） を偽造できる。

〔**2.8**〕 平文空間が $X = \{0, 1\}$ で，暗号文空間が十分広い公開鍵暗号を考える。セキュリティパラメータを $k$ とする。

ある平文 $x$ を暗号化した暗号文 $y$ がチャレンジとして与えられた時に，復号すれば同じ平文 $x$ が得られるような別の暗号文 $y'$ を求める攻撃 $\mathcal{B}$ を考え，この攻撃が成功する確率を $P_{\mathcal{B}}\text{-nm}(k)$ と書くことにする。ただし，つぎの手順による攻撃を $\mathcal{B}_0$ とする時，$\mathcal{B}_0$ は $k$ の多項式時間内に必ず出力を出して終了すると仮定する。

(1) 平文をランダムに選ぶ。

(2) 選んだ平文を正しい公開鍵で暗号化した結果がチャレンジと等しい時には，同じ平文を再度正しい公開鍵で暗号化し直す。暗号化した結果がチャレンジと異なるものになったら，その暗号文を出力する。

ここで，$\beta_{\mathcal{B}}(k) = P_{\mathcal{B}}\text{-nm}(k) - P_{\mathcal{B}_0}\text{-nm}(k)$ と定義し，チャレンジが「ランダムに選んだ平文を正しい公開鍵で暗号化する」というプロセスで生成される時に，多項式時間の計算能力を持ついかなる攻撃者 $\mathcal{B}$ に対しても

- 任意の正の定数 $b$ に対して，「$k > N$ ならば $\beta_{\mathcal{B}}(k) < k^{-b}$ となる」ような自然数 $N$ が存在する

が成り立つならば，この公開鍵暗号は「安全性の達成度 NM を満たす」ということにする。この公開鍵暗号が NM-CCA2 を満たすならば，IND-CCA2 も満たすことを証明せよ。

# 3章 ネットワークセキュリティ

### ◆本章のテーマ

ネットワークセキュリティでは，通信路を介しているという意味で離れた先にあるリソースを考えて安全性を論じる。通信路には危険が多い。危険な領域と往来する境界では検査が必要であり，危険な領域へ旅立つものには適切な防御の備えを施す必要がある。技術的には，保護対象と攻撃の特徴を把握して検査結果に基づいた正確な制御をすることと，ネットワークのプロトコルやアプリケーションとのインタフェースを把握して暗号技術を丁寧に実装することが重要である。本章の目的は，両者の代表的な技術を，実運用の基盤とともに理解することにある。

### ◆本章の構成（キーワード）

3.1　ファイアウォール
　　パケットフィルタリング，原則禁止，**DMZ**，ネットワークアドレス変換
3.2　仮想専用線
　　**Diffie-Hellman** 鍵共有，フォワードセキュリティ，カプセル化，ローミング
3.3　**TLS** と **Web** セキュリティ
　　公開鍵証明書，認証局，**TLS**，インジェクション攻撃，標的型攻撃
3.4　情報セキュリティの基盤
　　認証基盤，**PKI**，認証レベル，**ISAC**，標準化，製品認証

### ◆本章を学ぶと以下の内容をマスターできます

- ☞ 情報セキュリティのためのフィルタリング
- ☞ 暗号技術の丁寧な実装
- ☞ 情報セキュリティ技術の運用を支える基盤
- ☞ 情報セキュリティ技術と人の協調

## 3.1 ファイアウォール

ネットワークセキュリティでは，通信路を介した先から到来する攻撃の侵入を許さないようにするため，保護すべき対象の特徴と攻撃の特徴を把握し，攻撃をフィルタリングして取り除くことが必要である。ここでは，その代表的な技術として，ネットワーク層で稼働するファイアウォールを学ぶ。

**ファイアウォール** (firewall) とは，狭義には，内部のネットワークと外部のネットワークとの間に置かれて内外を行き来する通信をパケット単位で検査して，通すか通さないかを即座に実時間で判断してフィルタリングするネットワーク機器である。ファイアウォールが設置される領域を，守るべき内部と危険な外部の境界領域という意味で，**非武装地帯** (**DMZ**: demilitarized zone) と呼ぶことがある。DMZ は，外部の不特定多数の主体からアクセスされる公開サーバ機器が設置される場合が多く，外部からのアクセスに寛容なため，内部よりも危険が多い。

一方，広義には，エンドユーザの計算機にインストールしたセキュリティソフトウェアのパーソナルファイアウォール機能や，個々のアプリケーションレベルで行き交う通信を検査しフィルタリングする機能なども，ファイアウォールに含まれる。パーソナルファイアウォールは，オンラインの通信だけでなく，外部記憶デバイス†や内部記憶装置から読み込むデータやコードなども検査できる。アプリケーションレベルのファイアウォールのうち，脅威かもしれないものを検知したらエンドユーザに知らせ，どう対応するかの判断をエンドユーザに委ねるものとしては，例えば

- Web ブラウザが，アクセス先ホームページの危険性を警告する機能や，ポップアップをブロックする機能
- 電子メールを読み書きするソフトウェアが，詐欺メールの疑いを警告する機能や，外部画像を最初は表示しない機能

† 外部記憶デバイスからの脅威に備えるためには，その使用可否や使用手順などに関する情報セキュリティポリシーの策定と運用も必要である。

などがある。また，これら二つと同じく判断の全部または一部を人に委ねる仕組みとして，ネットワークのトラヒックや状態などを狭義のファイアウォールよりも詳しく検査し，必要に応じて管理者へ警告を出す**ネットワーク侵入検知システム**（**NIDS**: network intrusion detection system）がある。NIDSは，個々のパケットだけでなく一連のパケットから成るトラヒックのパターンに着目して過去の攻撃パターンとの類似性を見抜くなど，狭義のファイアウォールとは役割が異なる。ネットワークセキュリティ技術には，役割の異なるものがほかにいくつもあり，それらを併用して実際のシステムが構成される。

NIDS以外にも管理者のもとで動作する仕組みは少なからずあり，例えば，メールサーバに備えられたスパムメール[†1]やフィッシングメール[†2]などの不正な電子メールをブロックする機能がある。パスワードが漏洩するなどして乗っ取られたユーザの電子メールアカウントは，不正な電子メールを送信する踏み台として悪用されることが多いので，外部から内部へ向かう電子メールだけでなく内部から外部へ向かう電子メールも監視する必要がある。

どのネットワークセキュリティ技術も重要であるが，この3.1節では，ネットワーク層でパケットを検査してフィルタリングする狭義のファイアウォールを素材として，基本を学ぶ。

### 3.1.1 達　成　度

すべてのオンライン通信を監視するということは，ほぼ実時間の動作が求められるということである。また，多くの組織では，メールをやり取りしたりホームページを公開したりするなど，いくつかのアプリケーションに関して不特定多数の外部からのアクセスを認めたいという要求がある。これら二つの要求は，利便性重視のものであり，インターネット依存度が高くなった社会の宿命とも

---

[†1] 望まない広告メールのように，必ずしも攻撃ではないが迷惑な電子メールであって，受信者の業務生産性を下げる被害などをもたらすもの。

[†2] ユーザを騙して，IDとパスワードや，クレジットカード情報などの重要な情報を入力させる不正なWebサイトへ誘導するための電子メール。詐取した情報でアカウントを乗っ取ったり，クレジットカードを不正利用したりする直接的な悪用だけでなく，詐取した情報を売りさばく目的で送られる場合もある。

いえる。また，インターネットの構成員として経路制御や**ドメインネームシステム** (**DNS**: Domain Name System) に貢献する通信など，より根源的に要求される通信もある。ただしいずれも，防御を重視する立場で考えれば，安全性との両立を難しくする非常に厳しい要求である。そのため，

- パーソナルファイアウォールやアプリケーションレベルのファイアウォールも使用する。
- 情報セキュリティポリシーを策定して運用する。
- ネットワークのトポロジーは，管理者が規制する。

という前提を置いた上で，達成度としては，明らかに不正な通信と不要な通信を遮断することをパケットフィルタリングのミッションとする場合が多い。

### 3.1.2 攻撃モデル

ファイアウォールに到来した攻撃は，少なくとも DMZ まで届くために必要な従順さでは**インターネットプロトコル** (**IP**: Internet Protocol) に従っている。同じく，攻撃目標を達成するために必要な従順さで，IP とアプリケーションのインタフェース仕様にも従っている。その上で，攻撃モデルを分類する視点としては，少なくとも，以下のものがある。

**ボット性**：適応的に頭脳で考える人間が攻撃者として実時間で操作して攻撃している場合と，攻撃ツールであるプログラムが実行されておりその実行が始まって以降は人間による手作業を伴わず自動的に攻撃が行われている場合に分類する。後者の攻撃源は，計算機におけるロボットが攻撃しているというイメージで，**ボット** (bot) などという。

**継続性・長期性**：どの程度長く攻撃を続けるか，また，どの程度時間をかけて攻撃をしかけるかによる分類。実際には，例えば，半年かけた下調べの後に本格的な攻撃へ移行する場合もある。

**追跡回避性**：追跡されることを恐れ，それを回避するための詐称などを工夫してくるか否かによる分類。

**ゼロデイ性：**情報セキュリティ製品のベンダーなどの防御側がまだ把握していないか，または，把握していてもまだ実際の製品に防御が反映されていない「未知の攻撃」であるか否かによる分類。この意味での「未知の攻撃」は，防御に反映されてからの日数という意味ではゼロであるというイメージから，**ゼロデイ攻撃** (zero-day attack) などとも呼ばれる。

**内部犯行性：**守るべき内部に，攻撃者あるいは攻撃者の協力者がいるか否かによる分類。必ずしも人間としての攻撃者が内部にいなくとも，マルウェアに感染した計算機が内部にあれば，「内部の計算機による不正な振舞い」という意味での内部犯行性を持ち得る。

### 3.1.3 静的な基本設定

基本的なサービスしか提供しない単純なトポロジーとして，図 **3.1** のような架空のネットワーク構成を考えよう[†]。ファイアウォールと内部を結ぶインタ

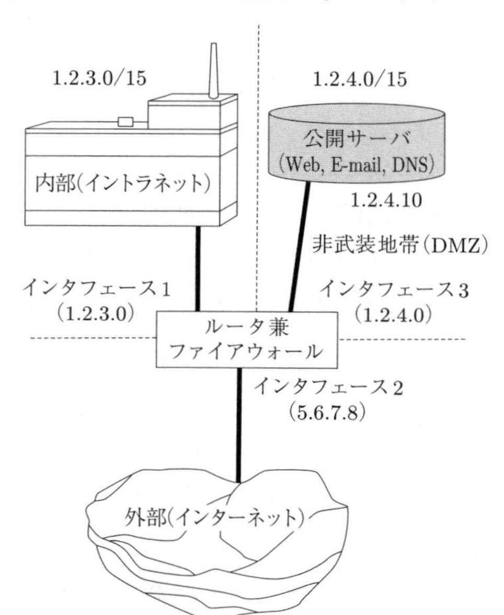


図 **3.1**　単純なトポロジーにおけるファイアウォールの例

† アドレスのフォーマットやその具体的な値も，架空のものである。

フェースを1とし，外部のインターネットとのインタフェースを2とする。Webサーバや電子メールサーバ，DNSサーバの機能を実装した特別な機器は，ファイアウォールとインタフェース3でつながっている。

インタフェース1も含めた内部の機器は，インターネットで割り当てられたアドレス（グローバルアドレス）として，1.2.3.0から1.2.3.15までの範囲(1.2.3.0/15)のアドレスを使用可能だとする。また，インタフェース3も含めてサーバの設置されたDMZでは，グローバルアドレスとして1.2.4.0から1.2.4.15までを使用可能だとする。そのうち，1.2.4.10をサーバが使用しているとする。ファイアウォールの役割を担うネットワーク機器は，ルータの役割も担い，インタフェース1，2，3にそれぞれグローバルアドレス1.2.3.0，5.6.7.8，1.2.4.0が割り当てられているとする。

ここで，ファイアウォールのフィルタリングポリシーを設定するために，**表3.1**のようなファーストマッチ型の表を考える。左端の列は説明用の行番号で

**表 3.1**　ファイアウォールの静的な設定表の例（不完全なもの）

| 説明用行番号 | インタフェース | 送信元アドレス | 送信元仕訳情報 | 宛先アドレス | 宛先仕訳情報 | FWの動作 |
|---|---|---|---|---|---|---|
| B1 | 2 | 1.2.3.0/15 | * | * | * | 棄却 |
| B2 | 3 | 1.2.3.0/15 | * | * | * | 棄却 |
| B3 | 1 or 2 | 1.2.4.0/15 | * | * | * | 棄却 |
| B4 | * | 1.2.3.0 | * | * | * | 棄却 |
| B5 | * | 1.2.4.0 | * | * | * | 棄却 |
| B6 | * | 5.6.7.8 | * | * | * | 棄却 |
| ⋮ | ⋮ | ⋮ | ⋮ | ⋮ | ⋮ | ⋮ |
| A1 | 2 | * | * | 1.2.4.10 | Web | 許可 |
| A2 | 2 | * | * | 1.2.4.10 | 暗号化 Web | 許可 |
| A3 | 2 | * | * | 1.2.4.10 | 電子メール | 許可 |
| A4 | 2 | * | * | 1.2.4.10 | DNS | 許可 |
| A5 | 3 | 1.2.4.10 | DNS | * | * | 許可 |
| A6 | 1 | 1.2.3.1/15 | * | 1.2.4.10 | * | 許可 |
| A7 | 3 | 1.2.4.10 | * | 1.2.3.1/15 | * | 許可 |
| ⋮ | ⋮ | ⋮ | ⋮ | ⋮ | ⋮ | ⋮ |
| D | * | * | * | * | * | 棄却 |

あり，＊印は任意（すなわち「その情報がなにであっても」）の意である。パケットを受け取ったファイアウォールは，そのヘッダに記されている情報を見る。ヘッダには，TCP や UDP といったプロトコルを識別する情報や，ポート番号という計算機が通信に使用するプログラムを識別するための番号が含まれている。それらから，当該パケットの最終的な宛先でどのように仕訳して処理すべきか，最初の送信元でどのような仕訳で処理されたのかについてのおもな情報を知ることができる。ほかにも，送信元アドレスや宛先アドレスなどを読み取ることができる。

こうして読み取った情報と，どのインタフェースから受け取ったパケットかという情報を用いて，設定表の先頭行から順に，当てはまるかどうかを検査する。最初の行 (B1) に当てはまれば，外部とのインタフェースに内部のアドレスからの送信であると自称して届いたパケットであることがわかるので，不正と判断してパケットを転送せず棄却する。このように，設定表の 2 列目から 6 列目までの条件にすべて当てはまれば，7 列目に指定されている動作をしてそのパケットの処理を終える。B1 に当てはまるパケットのようなアドレス詐称の不正は，**スプーフィング** (spoofing) と呼ばれる。B1 に当てはまらなければ，つぎの行 (B2) を見て当てはまるかどうか検査する。B2 もスプーフィングを遮断するための設定である。B2 に当てはまらなければつぎは B3，と順次下の行をチェックする。これが，ファーストマッチ型の動作である。表 3.1 では，B3～B6 もスプーフィングを遮断する設定 (Block)[†1]である。

明らかな不正を遮断する設定が続いた後，A1 からパケットの転送を許可する設定が続いている。A1～A4 は，サーバを正しく認識していると思われる外部の送信元からのパケットを，そのままサーバへ取り次ぐ設定である。A5 は A4 への応答を想定した設定であり，A6 と A7 は，内部からサーバへのアクセスとそれへの応答を許可してそのまま通す設定 (Allow)[†2]である。

実時間で動作させるためには，「当てはまる行が見つからず永久に検査が続

[†1] 表 3.1 の B1～B6 の番号は，Block の意を込めて B で始まる番号とした。
[†2] 表 3.1 の A1～A7 の番号は，Allow の意を込めて A で始まる番号とした。

く」という状況に陥るわけにいかない。順次検査してきた条件のすべてに当てはまらない場合には，いかなるパケットでも棄却するという設定が最終行 (D) に記されている。これは，最終行に至らず手前の行で対応が定まったパケット以外のすべてに対する原則つまりデフォルト†の設定として，不正かまたは不要と見なして棄却するという方針に従ったものである。この方針を，**デフォルト棄却** (default deny) や**原則禁止**などという。

### 3.1.4 動的な設定表への拡張

表 3.1 に明示された B1〜B6，A1〜A7，D だけでは，利便性の観点できわめて不十分な設定である。例えば

① 外部からサーバへのアクセスに対する応答が，DNS に関するものしか許可されていない。

② 内部と外部の間の直接通信が許可されていない。

という問題がある。

① を解消するために，「Web，暗号化 Web，電子メールならば，サーバから外部へ向かう任意のパケットを許可する」という設定行を加えるのは危険であると考え，「許可して通したパケットに対する応答でなければならない」という条件も課す方法として，許可して通した事実に関する情報をパケットのヘッダの適当なフィールドにマーキングするか，あるいは手元に記録したとしよう。マーキングした場合，サーバがそのマーキングに応じたマーキングを施して応答を送り出せば，ファイアウォールが外部への転送可否を判断できそうであるが，そのためには判断材料となる情報をファイアウォールが持っていなければならない。マーキングの方法にもよるが，設定表自体かあるいは設定表と効率的に連動したプロセスに，判断材料となる最新情報を一定期間記録して素早く参照できるようにすると便利だろう。すなわち，ごく基本的な動作を考えるだけでも，そのような最新情報，いわば状態 (state) を参照するという意味で，動的な設定表を検討することになる。このようなファイアウォールによる検査を，

† 表 3.1 の最終行の番号は，デフォルトの意を込めて D とした。

**状態あり検査** (stateful inspection) などという。

①の解消のための動的な設定は，一往復のやり取りだけならば，ファイアウォールとサーバの間だけで取り決めた独自の手法を用いることができる。応答をファイアウォールが外部へ転送する際に，パケットからその痕跡を消すこともできる。しかし，一往復目からの履歴に応じた処理を何往復にもわたって続ける場合には，外部の通信相手もサポートしている手法を用いるか，あるいは通信相手が痕跡をそのまま残してくれることを期待しなければならない。

②を解消するために

- インタフェース1へ届いた。
- 外部向けである（宛先アドレスが 1.2.3.0/15 の範囲でも 1.2.4.0/15 でも 5.6.7.8 でもない）。
- 送信元アドレスが 1.2.3.1/15 の範囲である。

という条件を満たせば外部への転送を許可する設定を加えるとしよう。この場合も，「許可して通したパケットに対する応答でなければならない」という条件も課して外部からの応答を検査するためには，何らかの意味で動的な設定表を検討することになる。

### 3.1.5 ネットワークアドレス変換

動的な設定表が必要になる工夫が大掛かりになると，一つの設定表と見なせる実装の範囲を超え，ほかの動的な表を追加する必要が生じる。典型的な技術が，**ネットワークアドレス変換** (**NAT**: network address transform) である。

まず，内部のアドレス付与対象には，内部で自由に設定したアドレス（プライベートアドレス）を付与する。そして，外部との通信中に限り，使える可能性のあるグローバルアドレス（図 3.1 では 1.2.3.1/15）の中でほかが使用中でないものを割り当てる。例えば，プライベートアドレス 9.8.7.6 の計算機 M が外部への最初のパケットを送信する際に，1.2.3.3 が割り当てられたとする。この時，M が外部との一連の通信（セッション）を終えるまで

- ファイアウォールは，NAT の状態を管理する表（NAT 管理表）におい

て，グローバルアドレス 1.2.3.3 の状態を「プライベートアドレス 9.8.7.6 が使用中」に保つ（この時の NAT 管理表の例を**表 3.2** に示す）。

**表 3.2**　NAT を管理する表の例

| グローバルアドレス | プライベートアドレス |
| --- | --- |
| 1.2.3.1 | 未使用 |
| 1.2.3.2 | 9.8.6.6 |
| 1.2.3.3 | 9.8.7.6 |
| 1.2.3.4 | 未使用 |
| ⋮ | ⋮ |
| 1.2.3.14 | 9.5.5.5 |
| 1.2.3.15 | 未使用 |

- M から外部へのパケットに関しては，送信元アドレスを 9.8.7.6 から 1.2.3.3 に書き換えてから外部へ転送する。
- 外部から 1.2.3.3 へのパケットに関しては，宛先アドレスを 1.2.3.3 から 9.8.7.6 に書き換えてから M へ転送する。

という動作をする。セッションが終了すれば，NAT 管理表において，グローバルアドレス 1.2.3.3 の状態を「未使用」にする。

NAT を用いると，利用可能なグローバルアドレスの個数が不足でもそれらを有効利用して，多数の内部の計算機に外部のインターネット接続機会を提供できる場合がある。どの計算機もほぼ常時かきわめて頻繁な外部接続が当然であるような需要状況ならばグローバルアドレス有効利用の効能は限定的だが，情報セキュリティの観点では，何度も同じ計算機を狙い撃ちする攻撃を困難にしたり，内部のネットワーク構造を外部に知られ難くしたりする効果が期待できる†。一方で，インシデントが発生した場合に，NAT のログが残っていなければ関与した計算機を特定し難いという問題もある。ある程度の期間ログを残しておく運用がされていても，その期間を過ぎてからインシデントが発覚した場合には，同様の問題がある。このように，ネットワークセキュリティにおける

† もともと内部の機器に対して動的にグローバルアドレスを割り当てる仕組みを採用している場合には，NAT 導入による内部構造秘匿効果の向上は必ずしも大きくない。

経験的な工夫には，利便性と安全性のトレードオフだけでなく，情報セキュリティに関する異なる要請の間でのトレードオフが見られることが少なくない。

### 3.1.6 攻撃モデルへの対応

これまでに検討した簡単なファイアウォールを学ぶだけでも，3.1.2 項で整理した攻撃モデルのすべてをある程度考察できる。

**ボット性：**ボットを使った攻撃は，低コストで効率的である。絨毯（じゅうたん）爆撃のように，多数の攻撃対象（標的）に対して「初歩的な設定ミスや油断があれば，すぐに通ってしまうような攻撃」をしかけることも容易である。そのようなボットはつねに活動しているので，表 3.1 にあるような当然の遮断設定を省略すべきではない（「今時の攻撃者は初歩的なスプーフィングなどしないだろう」と決めつけてはならない）。この観点では，表 3.1 の設定でも，ボット性が考慮されている。

**継続性・長期性：**実際の攻撃では，準備段階を経てから本格的な攻撃をしかける，という手順が踏まれることも多い。よって，NAT を用いるなどして攻撃者に内部情報をできるだけ与えないという防御は，継続性や長期性のある攻撃をある程度考慮したものである。

**追跡回避性：**表 3.1 におけるスプーフィングを遮断する設定は，スプーフィングで追跡回避しようとする攻撃者への対策にはなる。ただし，乗っ取った踏み台からの攻撃や，匿名通信システム†を悪用した攻撃への対策にはなっていない。

**ゼロデイ性：**原則禁止の設定には，明示的に許可したパターン以外は遮断する，というホワイトリスト的な性格があり，その意味で未知の攻撃への一定の防御となっている。ただし，「明示的な許可条件に合致する攻撃であって，かつ，未知の攻撃」には対応していない。

**内部犯行性：**表 3.1 では，インタフェース 1 に届く内部からのスプーフィ

† 匿名通信システムの例は，5 章で学ぶ。

ングを遮断している。このように，静的な設定だけでも容易に対応できる内部犯行のパターンはある。そもそも，「外部から内部へ向かうトラヒックだけでなく内部から外部へ向かうトラヒックも検査する」という方針は，ある程度内部犯行性も視野に入れた防御である。一方，「内部から外部へ許可して通したパケットに対する応答ならば通す」という許可設定を加えている場合には，マルウェアに感染した内部の計算機から外部へのパケットが本格的な攻撃の呼び水になるリスクがある。

理論的な安全性証明というレベルの品質保証に結びつくこともある暗号技術とは異なり，ネットワークセキュリティでは，攻撃モデルの多くを「少しは考慮する」のは容易であるが，たいてい経験的安全性にとどまる。攻撃モデルを体系化する効能は

- ある程度一般化した着眼点で，品質保証のレベルを整理できる

という点にある。その結果として，情報セキュリティポリシーの実施状況を評価したり，ほかの対策との整合性や協調した防御を考える助けとなる。

### 3.1.7 パケットフィルタリングの限界

パケットフィルタリングによるファイアウォールの限界は，もう明らかであろう。まず，実時間動作を満たす設定表の表現力の範囲でしか，防御を構成できない。よって，その範囲を超える攻撃については，未知の攻撃どころか既知の攻撃に対しても対応できない。例えば，パケットの運ぶデータつまりペイロード部分の検査に踏み込まないという限界は大きい。

また，知ってさえいれば表現力の範囲で対応できたはずの攻撃でも，未知のものについては対応が困難である。当然の運用規範として，最新の攻撃情報に追随して設定更新を徹底するというものがある。結果として，設定表は非常に複雑になり，設定ミスが発生しやすい。

設定変更は，新たな攻撃への対応だけでなく，内部の構成変更への対応でも必要となる。例えば，図 3.1 でインタフェース 1 のアドレスを 1.2.3.0 から 1.2.3.1

に変更することになったとする。この時，表 3.1 における各行のうち，B4 だけでなく A6 や A7 も変更しなければならない。A6 や A7 は，B4 が先行しているという前提で，元々の設定を 1.2.3.1/15 ではなく 1.2.3.0/15 にしておけば変更の必要がない。しかし，一般には，内部の変更や方針変更，あるいは想定する攻撃の追加など，何らかの変更があった場合に，ファイアウォールの設定の中でどこが影響を受けるかを正確に漏れなく把握し設定ミスを防止するのは，容易ではない。

図 3.1 では，ファイアウォール機能を持つネットワーク機器がインタフェースを三つ持っている。これらに対応する設定表を個別に準備し，**図 3.2** のように論理的に複数機器への分割をすることもできる。また，それぞれに対応する機器を導入して，物理的に複数の機器へ分割してもよい。分割すれば，それぞれの機能拡張を考えやすい側面がある。物理的に分割すれば，動作速度の向上

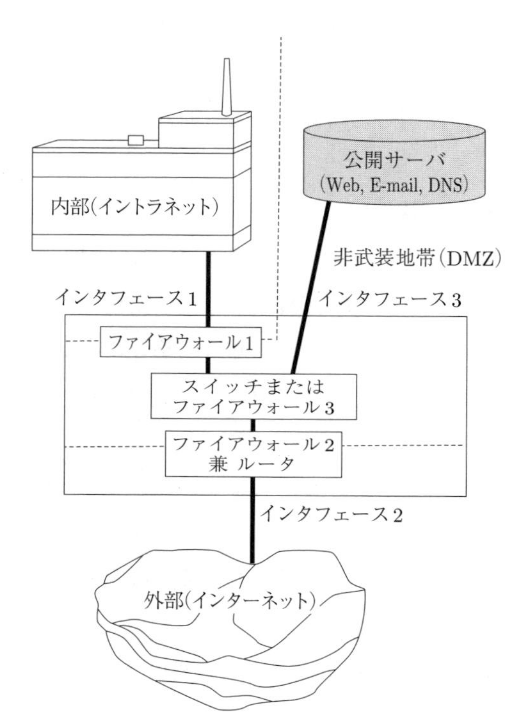


**図 3.2**　ファイアウォール機器の分割例

も見込める。しかし，設定の複雑さの問題があることに変わりはなく，むしろ複雑さが増すこともある。

結局，パーソナルファイアウォールやアプリケーションレベルのファイアウォールも使用する多重の防御が前提となる。そして，それらが機能するためには，ある種の認証基盤や情報共有基盤が必要になる。これらの問題については，後に3.4節で詳しく考えよう。

## 3.2 仮 想 専 用 線

ネットワークセキュリティでは，不特定多数の攻撃者がいる外部のインターネットへ向けてなにかを送信する時に，暗号技術で防御を固めて送り出すことが有効である。その際には，ネットワークのプロトコルとのインタフェースを把握して丁寧に暗号技術を実装することが重要である。ここでは，その代表的な技術として，仮想専用線を学ぶ。仮想専用線は，**VPN** (virtual private network) とも呼ばれ，例えばつぎのようなシナリオで役立つ。

**シナリオ 1：**物理的に外出している時でも，手元の計算機を，自分の組織の敷地内で内部のネットワーク（イントラネット）に接続しているかのようにして利用したい場合

**シナリオ 2：**地理的に離れた拠点間（同じ大学の異なるキャンパス間や，同じ企業の本社と支社の間など）を専用線ではなく，インターネットで結んでいるが，すべてまとめて一つのイントラネットであるかのように利用したい場合

### 3.2.1 鍵　共　有

不特定多数の相手と暗号化通信をする可能性のある大きな基盤的システムでは，2章の2.4.4項で見たように，公開鍵暗号技術でセッション鍵を共有してからそのセッション鍵を用いた共通鍵暗号で暗号化通信を行うと便利である。一

方，VPN のシナリオ 1 では，「自分の業務用の計算機を割り当てられた時点で，その計算機に固定の秘密鍵を組織の VPN サーバと共有しておけば，公開鍵暗号技術を使わなくても，最初からその秘密鍵で暗号化通信できるのでは」と期待したくなるかもしれない。同じく，シナリオ 2 では，「拠点を設置する際に，VPN のゲートウェイに共通の秘密鍵を入れておけばよいのでは」と期待したくなるかもしれない。しかし，そのような鍵管理には重大な問題がある。マルウェアに感染するなど何らかの理由で秘密鍵が漏洩した場合に，その秘密鍵を入手した攻撃者は，鍵を入手する前（被害者の立場で見れば漏洩前）の過去の暗号化通信を観測し保存してさえいれば，それら過去の通信に遡ってすべて復号できてしまう。

ネットワークセキュリティでは，そのように被害が過去に遡ることを防ぎたい。防ぐことができている場合には，「**フォワードセキュリティ** (forward security) がある」という†。固定の秘密鍵事前共有では，フォワードセキュリティを満たせない。かといって，シナリオ 1 で外出する際にその都度新しい秘密鍵を共有していくという方法は，利便性を損ない，また，外出期間が比較的長期間にわたる場合への対応も問題となる。シナリオ 2 でも，頻繁な鍵更新はコストが高く非現実的である。

VPN サーバの公開鍵を，外出時に持ち出す計算機にあらかじめ記憶しておき，セッション鍵を公開鍵暗号で暗号化して送る，という方法はどうだろうか。この場合でも，その公開鍵に対応する秘密鍵が漏洩すれば，過去のセッション鍵も知られてしまい，過去の暗号化通信に遡って攻撃者に復号されてしまう。すなわち，フォワードセキュリティを満たせない。

VPN でフォワードセキュリティを満たせない技術を使っていると，実際に秘密鍵が漏洩しなくても大きな問題が生じる。例えば，イントラネット内でインシデントが発生し，その二次被害が VPN 用の秘密鍵漏洩に波及していないということを立証するのが困難な場合には，VPN を用いた過去の通信すべてにつ

† 過去に遡られるか否かを議論する時にフォワード（前方）という表現を使っているので，紛らわしい用語である。

いて盗聴された疑いが生じる。その結果重大な責任問題に発展する案件があれば，対応コストは甚大になりかねない。

幸い，暗号分野には，鍵共有のフォワードセキュリティ確保に役立つ技術があり，発明者二名にちなんで **Diffie-Hellman 鍵共有** (Diffie-Hellman key agreement) と呼ばれている†。

**定義 3.1　Diffie-Hellman 鍵共有**

セキュリティパラメータで指定されたサイズの十分大きな素数 $p$ を，$\boldsymbol{Z}_p^*$ の生成元 $g$ とともに，公開しておく。A と B が以下の手順で鍵を共有する。

① A は，$\{2, 3, \cdots, p-2\}$ から一様ランダムに自然数 $a$ を選び，それを手元で秘密に一時保管しつつ

$$X = g^a \pmod p$$

を計算して B へ送る。

② B は，$\{2, 3, \cdots, p-2\}$ から一様ランダムに自然数 $b$ を選び，それを手元で秘密に一時保管しつつ

$$Y = g^b \pmod p$$

を計算して A へ送る。

③ A は $Y^a \pmod p$ を計算し，B は $X^b \pmod p$ を計算して，同じ値

$$K_{ab} = g^{ab} \pmod p$$

を鍵として共有する。この用が済めば，A は $a$ を手元から消去し，B は $b$ を手元から消去する。$X$ と $Y$ を，秘匿せず送信しているという意味で **Diffie-Hellman 公開値**という。

公開鍵暗号分野におけるほかの多くのプリミティブと同様に，Diffie-Hellman 鍵共有にも脆弱性があり，そのままでは使えない。実際，以下のよ

† RSA 暗号とともに，公開鍵暗号分野を開拓した成果として評価されている。実際，RSA 暗号の発明者も Diffie-Hellman 鍵共有の発明者も，その業績に対して，計算機科学分野で権威あるチューリング賞を授与されている。

うな**中間者攻撃** (**MIM**: man-in-the-middle attack)†1を受けると，暗号化通信が盗聴されてしまう。以下，文脈から明らかな法は省略して表記する。

① 攻撃者は，A の Diffie-Hellman 公開値 $X$ をインターセプトし，攻撃者自身の手元で $\{2, 3, \cdots, p-2\}$ から一様ランダムに選んだ自然数 $a'$ から計算した $X' = g^{a'}$ にすり替えて B へ送る。

② 同様に，攻撃者は，B の Diffie-Hellman 公開値 $Y$ をインターセプトし，攻撃者自身の手元で $\{2, 3, \cdots, p-2\}$ から一様ランダムに選んだ自然数 $b'$ から計算した $Y' = g^{b'}$ にすり替えて B へ送る。

③ A は $K_{ab'} = g^{ab'}$ を共有できたと思い込み，B は $K_{a'b} = g^{a'b}$ を共有できたと思い込む。

④ 攻撃者は，$X^{b'}$ を計算して $K_{ab'}$ を求めることができ，$Y^{a'}$ を計算して $K_{a'b}$ も求めることができる。

⑤ 攻撃者は，A が $K_{ab'}$ で暗号化して B へ向けて送信した通信をインターセプトし，$K_{ab'}$ で復号して内容を盗聴してから，$K_{a'b}$ で暗号化して B へ送る。B は，無事に $K_{a'b}$ で復号でき，不審に思わない。

⑥ 同様に，攻撃者は，B が $K_{a'b}$ で暗号化して A へ向けて送信した通信をインターセプトし，$K_{a'b}$ で復号して内容を盗聴してから，$K_{ab'}$ で暗号化して A へ送る。A は，無事に $K_{ab'}$ で復号でき，不審に思わない。

実際に Diffie-Hellman 鍵共有を使う時には，認証機能を加えて中間者攻撃を防ぐ。ここでは，VPN の鍵共有に利用可能な標準プロトコルの一つである**インターネット鍵交換** (**IKE**: Internet Key Exchange)†2で使われている構成の一つを素材とし，ネットワーク層における暗号実装の考え方

---

†1 本節の Diffie-Hellman 鍵共有への具体的な攻撃に限らず，正当な通信を行う者の間に入って行う能動的な攻撃を総称して，中間者攻撃という。ネットワークセキュリティでは，このように，通信経路における能動的な攻撃を考慮する必要がある。

†2 セッション鍵を共有するためのプロトコルは，日本語では鍵共有，鍵交換，鍵配送などと呼ばれ，英語では Key Agreement，Key Exchange，Key Transport などと呼ばれる。おおむねこの順に対応して理解されることが多いが，それぞれの定義も曖昧で，例えば Diffie-Hellman 鍵共有も Diffie-Hellman 鍵交換と呼ばれる場合がある。

を学ぶ。ただし，IKE は，多くの標準プロトコルがそうであるように，詳細は膨大なページ数の標準化文書で定義されている。ここでは，教科書用に用語も構成も簡略化したものを用いる。なお，前提として，外出先から VPN 接続を希望しているクライアント計算機も本拠地の VPN サーバも，たがいに公開鍵を知っているとする。

---

**例 3.1　認証付き Diffie-Hellman 鍵共有の実装例** ………………

クライアントとサーバは，「だれとも共有する必要はないが，手元で少なくともセッション期間中は消去せず保管し続ける局所的な秘密情報」を持っているとする。それらをおのおの $LS_c$，$LS_s$ とする。また，クライアントとサーバの最新の動作状況を表現した情報であり，適切なタイミングで再現可能な情報を $E_c$，$E_s$ とする。クライアントとサーバの ID をそれぞれ $ID_c$，$ID_s$ とする。

電子署名で相互認証し，つぎのようにセッション鍵一式（ブロック暗号で用いる秘密鍵 $k_0$ と初期ベクトル $k_1$，メッセージ認証用の鍵 $k_2$）を共有する。ただし，Diffie-Hellman 鍵共有で用いる素数を $p$，生成元を $g$ とし，ランダムオラクルと見なせるハッシュ関数 $H$ が利用可能だとする。

① クライアントは，$\{2, 3, \cdots, p-2\}$ から一様ランダムに自然数 $a$ を選び，それを手元で秘密に一時保管しつつ，$X = g^a \pmod{p}$ を計算する。さらに，乱数 $R_c$ を生成し，$K_c = H(LS_c \| E_c)$ を計算してから

$$(K_c, X, R_c, ID_c)_{HDR}$$

を「セッションで用いる暗号方式とその動作モードなどを規定するための情報」とともにサーバへ送る。括弧と下付添字 $HDR$ は，計算機が通信に使うプロトコルを識別できるヘッダを付けることを表す。

② サーバは，「セッションで用いる暗号方式とその動作モードなどを規定するための情報」に問題がないことを確認し，必要に応じて取捨選択などの整形をする。その結果を所定のフォーマットで表現したデータ

を $SA$ とする。その上で，$\{2,3,\cdots,p-2\}$ から一様ランダムに自然数 $b$ を選び，それを手元で秘密に一時保管しつつ，$Y=g^b \pmod{p}$ を計算する。さらに，乱数 $R_s$ を生成し，$K_s=H(LS_s\|E_s)$ と $KEY=H(R_c\|R_s\|X^b)$ を計算してから，$(KEY\|Y\|X\|K_s\|K_c\|SA\|ID_s)$ に対する電子署名 $SIG_s$ を生成し

$$(SA, K_s, Y, R_s, ID_s, SIG_s)_{HDR}$$

をクライアントへ送る。

③ クライアントは，$KEY=H(R_c\|R_s\|Y^a)$ を計算し，電子署名 $SIG_s$ を検証する。検証結果が OK ならば，$(KEY\|X\|Y\|K_c\|K_s\|SA\|ID_c)$ に対する電子署名 $SIG_c$ を生成し

$$(K_c, SIG_c)_{HDR}$$

をサーバへ送る。

④ サーバは，$SIG_c$ を検証し，その結果が OK ならばセッション鍵として

$$k_0=H(KEY\|K_c\|K_s\|00)$$

$$k_1=H(KEY\|k_0\|K_c\|K_s\|01)$$

$$k_2=H(KEY\|k_1\|K_c\|K_s\|11)$$

を計算する。これらは，クライアントでも計算でき，両者が共有する。

例 3.1 に含まれている考え方のうち，標準化を伴うネットワークプロトコルでよく使われるものを，整理しておこう。

**暗号アルゴリズムと使い方に関する柔軟性：**実用的な共通鍵暗号，暗号学的ハッシュ関数，公開鍵暗号，電子署名のいずれも，厳密に安全性証明されているものですら，その拠り所となる仮定は「これまでだれも多項式時間で解いていない」などの経験的なものである。それらの帰着先が特

に重点的に解析されてきた上での使用であれば，安全性証明が欠けている場合と比べてはるかに安心感があるとはいえ，半永久的に大丈夫だと考えるのは過信である。特定の暗号アルゴリズムのみに依存すると，その暗号アルゴリズムが破られた時に大きな問題となる。また，同じアルゴリズムであっても，動作モードの違いで性質が異なったり，安全性強化の方式にバリエーションがあってそれぞれに特徴があったりする。したがって，暗号アルゴリズムやその使い方に関して柔軟性を持たせることには，一定の意義がある。また，要素技術のバージョンアップがあると，特に移行期には柔軟性が求められる。

例 3.1 における「セッションで用いる暗号方式とその動作モードなどを規定するための情報」とその取捨選択は，この柔軟性のためである。Diffie-Hellman 鍵共有に頼り過ぎている側面はあるが，それだけ，Diffie-Hellman 鍵共有がほかの技術で置き換え難い貴重な存在だといえる。

**サービス妨害攻撃対策：**情報セキュリティ技術は，コスト増を理由として導入をためらわれる場合がある。コスト自体が悪用される攻撃として，サービス妨害攻撃がある。特に，認証を伴うプロトコルでは，「認証を導入していない場合に一件の接続要求を処理するために必要な計算機資源の負担と通信路容量」を認証を導入した場合のそれと比較すると，後者の方が大きい。すなわち，より少数の不正な接続要求で，サービス妨害が成立してしまう。セキュリティを高めるための認証技術が可用性を脅かす脅威を高めるという，定性的には避けられない本質的なトレードオフである。よって，攻撃の抑止力が重要となる。

例 3.1 における $K_c$ と $K_s$ は，「だれとも共有する必要はないが，手元で少なくともセッション期間中は消去せず保管し続ける局所的な秘密情報」や「最新の動作状況を表現した情報であり，適切なタイミングで再現可能な情報」の実装次第で，攻撃のコストを高めてサービス妨害攻撃の抑止力とするような使い方ができる。その意味で，**閉塞対策トークン**

(anti-clogging token) と呼ばれる場合がある。IKE の関連文書では**クッキー** (Cookie) と呼ばれるが，これは最近の履歴を反映する情報としての性格を反映した呼び名である[†1]。

**セッション鍵一式の生成**：暗号技術をハイブリッドに使う場合，公開鍵暗号や電子署名を使う鍵共有あるいは鍵カプセル化のプロセスを終えて，セッションで用いるために共有されているべき情報は，たいてい複数である。よって，鍵共有あるいは鍵カプセル化のプロセス一度で，それらのすべてを共有できる方が効率的である。例 3.1 では，ブロック暗号の秘密鍵，その動作モードで使う初期ベクトル，そして，メッセージ認証で用いる秘密鍵の三点セットを共有する。

**両者貢献性**：Diffie-Hellman 鍵共有では自明であるが，生成されるセッション鍵の具体的な数値に対して，クライアントが生成するパラメータとサーバが生成するパラメータの両方が影響を与えること。例 3.1 の場合，サーバもクライアントも，Diffie-Hellman 公開値や乱数，そしてクッキーを生成している。これにより，一方の通信者に「局所的な秘密のはずの数値の漏洩」や「弱いパラメータ[†2]回避の不徹底」などの運用上の問題や実装上の問題があった場合でも，その影響をある程度抑制できる。Diffie-Hellman 鍵共有を利用しないプロトコルでは，両者貢献性が「フォワードセキュリティを破るために攻撃者が観測すべき通信が増える」などの効果をもたらす場合がある。

---

†1 「クッキーを確認して不備があれば接続を受け付けない」というチェックを加えることにより，それを突破するために攻撃者が観測すべき通信を増やしたり，攻撃者が把握すべき経路の条件を厳しくしたりできる場合がある。

†2 暗号プリミティブには，それぞれに固有の，避けるべき特殊な値が見つかる場合がある。原始根のべき乗剰余を公開して指数を秘密にする仕組みを含むアルゴリズムにおける指数ゼロのように自明なもの（公開値は 1 になり，指数が 0 であることがあからさま）だけでなく，指数を求める攻撃の複雑度が下がるような特殊な法（法として使う素数），同様の脆弱性を持つゼロ以外の特殊な指数，ハッシュ関数の衝突発見困難性や一方向性に部分的な問題を生じる入力，などがある。

### 3.2.2 カプセル化

鍵共有を終えたら，VPN 経由で送りたいパケットをカプセル化する。2 章では，暗号アルゴリズムや暗号方式の仕組みばかりを考え，実装では当然考えるべき以下のような疑問に目を向けなかったかもしれない。

**（疑問 1）** 暗号化されているものは，復号しなければ，平文で伝える情報がわからない。なぜ，そのカプセルを受け取った時に，自分が開封するものだとわかったのだろうか？

**（疑問 2）** なぜ，いま，（ほかの暗号アルゴリズムや暗号方式ではなく）その暗号アルゴリズムや暗号方式のプログラムを呼び出して実行しているのだろうか？

**（疑問 3）** なぜ，いま，（ほかの鍵ではなく）その鍵を読み込んで暗号化や復号などをしているのだろうか？

**（疑問 4）** 平文のサイズを使用する暗号アルゴリズムや暗号方式に合わせるためのパディングは，どう処理するのだろうか？　受信者は，どこからどこまでがパディングであるのかを，どのようにして知るのだろうか？

**（疑問 5）** （疑問 1）～（疑問 4）の疑問に答えるための情報を添える場合，それらの情報自体を攻撃から守る仕組みはどうするのだろうか？

**（疑問 6）** カプセルで運ぶ情報のうち，どの範囲を暗号化するのだろうか？

**（疑問 7）** 同じく，どの範囲をメッセージ認証子生成の対象とするのだろうか？

**（疑問 8）** 送信者は，暗号化とメッセージ認証子生成のどちらを先にするのだろうか？　暗号化前にメッセージ認証子を生成するならば，平文のメッセージ認証子しか生成できない。暗号化してからメッセージ認証子を生成するならば，「カプセルが運ぶ情報のうち平文のままの部分あるいはその一部と，暗号文」のメッセージ認証子を生成するのだろうか，それとも，暗号文のメッセージ認証子を生成するのだろうか？

**（疑問 9）** （疑問 8）までの疑問への答を踏まえ，カプセルのさまざまなフィールドをどのような順序で並べるのだろうか？

これらの疑問に目を向けて丁寧にカプセル化を実装した例として，**IPsec**[†1]における**カプセル化セキュリティペイロード**（**ESP**: encapsulated security payload）を取り上げる。具体的には，ESPのトンネルモードという使い方を素材とし，一部簡略化や表記の一般化を施したものを学ぶ。そのカプセルの構造は，最終的に送信されるパケットの先頭から順に，以下のとおりである。

① **IPヘッダ：** カプセル自体がなすIPパケットのヘッダ。復号する主体が宛先であり，（疑問1）の答となる情報が含まれている。

② **カプセルヘッダ：** 暗号アルゴリズムやセッション鍵を指し示す情報，およびシーケンス番号など。（疑問2）と（疑問3）の答となる情報が含まれている。シーケンス番号は，**再送攻撃**（replay attack）[†2]対策として機能する。

③ **暗号化したい元のIPパケット：** 拠点間のVPN通信では，拠点内はこの「元のIPパケット」のIPヘッダによって経路制御される。

④ **カプセルトレーラ：** カプセルの主要部分である③の前に付けるヘッダに対して，後に付けるものなのでトレーラという。復号後の処理をサポートする情報があり，（疑問4）の答となる情報すなわちパディングやパディング長が含まれる。パディング以外は何バイトで表現するかが固定値で決まっているので，どの部分がパディングなのかは一意的にわかる。③と④がまとめて暗号化される。これが，（疑問6）への答である。

⑤ **カプセル認証データ：** ②および暗号化された③と④をメッセージ認証子生成アルゴリズムに入力して，その出力を格納する。これが，（疑問7）と（疑問8）への答である。また，②もメッセージ認証の対象となっていることが，（疑問5）への答である。①のIPヘッダは，経路上で変更されるフィールドも含まれているため，メッセージ認証の対象に適さない。

上記の順序自体が，（疑問9）の答となっている。受信者は，まず①を見て，

---

†1 IP security あるいは security architecture for Internet Protocol の略称で，IPに暗号化や認証などのセキュリティ機能を付加する一連のプロトコル群のこと。

†2 中間者攻撃の一種で，過去に観測したものを後で再送して利用する攻撃。相手に過去と同じ処理をするよう仕向けるだけでも，害を与えられることがある。

カプセルを開封する処理を起動する。つぎに ② を見てシーケンス番号をチェックし[†]，すでに受け取った番号ならば再送攻撃と判断してパケットを棄却する。問題なければ，同じく ② を見てアルゴリズムと鍵を呼び出し，まずカプセル認証データを検証する。メッセージ認証子の計算プロセスへ入力するとおりの順番で必要なデータを読み込めるように，②，③，④ が並んでいる。検証結果が NG ならば，改ざんありとしてパケットを棄却する。

もし,カプセル化する際に暗号化済みの ③ と ④ ではなく暗号化前の ③ と ④ を用いてメッセージ認証子が生成されていたら，受信者は復号してからでなければメッセージ認証子を検証できない。すると，シーケンス番号チェックの省略を期待してそのとおりになったか，またはシーケンス番号を改ざんしてチェックに合格したか，いずれかの経緯でメッセージ認証子検証まで辿り着いた再送攻撃が，脅威となり得る。ハッシュ値の計算だけでなく復号もしなければならないので，再送攻撃のパケット一つを棄却するまでに費やすリソースが多くなるからである。すなわち，そのような攻撃パケットを多数送りつけるサービス妨害攻撃への耐性が低くなる。

さて，メッセージ認証子の検証結果が OK ならば，暗号化された部分を復号する。復号したら，パディングを取り除いてカプセルの中身すなわち元の IP パケットを取り出す。なお，③ 以外の部分がカプセル化による通信オーバーヘッドであり，大き過ぎる場合にはフラグメント処理で複数の IP パケットに分割されてから送信される。普通はフラグメント処理ができるだけ発生しないように IP のパラメータを調節して実装されるが，発生した場合には，受信者はまずフラグメント再構成をしてから，カプセルを開封する。

### 3.2.3 ローミング

A さんが「外出中であるにも関わらず，あたかも外出先ではなく本拠地にい

† 典型的な実装では，受け取ったカプセルのシーケンス番号すべてを記録するのではなく，何番まで受領済みかを示すカウンタを準備する。シーケンス番号のチェックを省略する実装もあるが，その場合は再送攻撃（特にサービス妨害攻撃）に対して脆弱になる。

るかのように仕事をする」という状況の実現には，A さん自身から通信を始める場合にそうありたいという要件だけでなく，「外部の人が A さんと通信したい時に，A さんが外出していることを知らなくても，A さんの仕事場の端末に向かって通信すればつながるようにしたい」という要件もある。いわゆる**ローミング** (roaming) である。VPN は，このような要求に応える際にも利用できる。ここでは，ローミングを実現するモバイル IP の開発史の一部を簡略化して素材とし，ネットワークプロトコルへの機能追加とネットワークセキュリティ技術の関わりを学ぶ。具体的には，以下のようなシステムを考える。

**移動通信機器 (MN:** mobile node)**：** ローミングするノード。接続するネットワークが変わっても，同じ IP アドレスを使いたい。

**本拠地代理人 (HA:** home agent)**：** MN が外部ネットワークにいる時に，MN 宛のパケットを受けて MN の現在位置に転送する留守番役。MN は，ローミング中に HA と VPN 接続できるように設定されている。HA 自身のアドレスも HA と表記する。

**対向機器 (CN:** correspondent node)**：** MN の通信相手。CN 自身のアドレスも CN と表記する。

**本拠地アドレス (HoA:** Home Address)**：** MN に割り当てられている不変のアドレス。本拠地ネットワーク内では，MN は HoA を IP アドレスとして通常の IP ノードと同じ動作をする。ローミング中には，HoA は ID のような役割を果たす。

**気付けアドレス (CoA:** Care-of Address)**：** 外部ネットワークにおいて MN が実際に通信に使用しているアドレス。MN の接続地点を示す役割があり，ローミング先のルータ広告に基づいて自動生成・付与される。

**〔1〕 トンネリング**　MN は，ローミングを始めると，接続地点のネットワークで CoA の割り当てを受ける。そして，HA との間に VPN 接続を張り，CoA でローミング中だと伝える。HA は，本拠地内の経路制御に関する手続き

を実行し，HoA 宛てのパケットが自身へ届くように設定する。以上の準備が整い，MN が CN からのパケットを受け取る手順は，**図 3.3** のとおりである。カプセル化されて VPN 接続を伝わることを，**トンネリング** (tunneling) という。

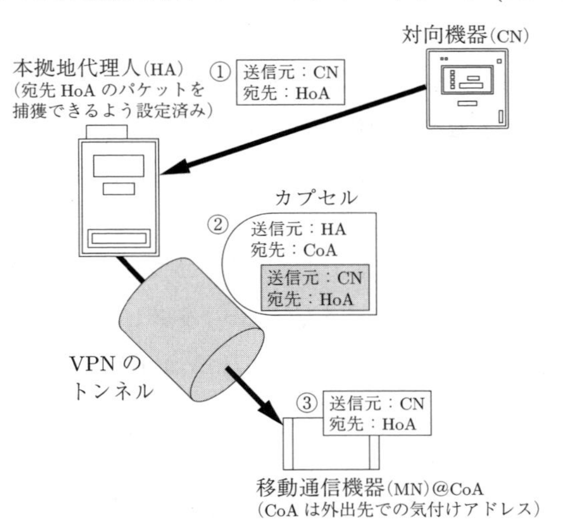


**図 3.3**　トンネリングを利用したローミングの例

① MN へパケットを送りたくなった CN は，宛先アドレスを HoA としてパケットを送信する。そのパケットは，まず HA に届く。

② HA は，届いたパケットをカプセル化して，VPN 接続を通じて CoA にいる MN 宛てに転送する。カプセル自体は，送信元アドレスを HA とし，宛先アドレスを CoA として送信される。

③ MN はアドレス CoA でカプセルを受け取り，カプセルを開封して，元の「送信元アドレスが CN で宛先アドレスが HoA である，MN 宛てのパケット」を取り出す。

MN から CN への応答が，同じく HA との間の VPN 接続を通じて返される時，応答が VPN 接続を伝わることを，トンネリングと逆向きという意味を込めて**逆トンネリング** (reverse tunneling) という。

① MN は，送信元アドレスが HoA で宛先アドレスが CN である応答パケットを，カプセル化して HA へ送信する。カプセル自体は，送信元アドレ

スをCoAとし，宛先アドレスをHAとして送信される。

② HAは，カプセルを開封して，送信元アドレスがHoAで宛先アドレスがCNである応答パケットを取り出す。

③ HAは，応答パケットをCNへ転送する。

〔**2**〕 **経路最適化**　いつもHAとVPNを経由するのは非効率的だと考え，ショートカットによる**経路最適化** (route optimization) を試みよう。まず，簡易な経路最適化として，MNが最初のカプセルをCoAで受け取ってから，自分がCoAにいることを直接CNへ伝える方法を考える。すなわち，送信元アドレスがCoAで宛先アドレスがCNであるパケットで「本来HoAの機器ですが，いま，CoAにいます」という情報を伝える。「本来HoAの機器ですが」という本拠地情報は本籍地情報といってもよく，HoAがIDのような役割を果たしている。「CoAにいます」というのはローミング先情報である。このパケットを，**登録更新** (**BU**: binding update) パケットという。以降，CNとMNは，VPN接続を介さず直接パケットをやり取りする。MNがCNへ送信するパケットの送信元アドレスはCoA，宛先アドレスはCNであり，「本来HoAの機器からです」という送信元の本拠地情報が添えられる。CNがMNへ送信するパケットの送信元アドレスはCN，宛先アドレスはCoAであり，「本来HoAの機器へ向けてです」という宛先の本拠地情報が添えられる。

〔**3**〕 **脆弱性と改善**　先の簡易な経路最適化には，**図3.4**のような脆弱性がある。まだ本拠地にいるMNになりすまそうとしている攻撃者が，外部ネットワークでCoAを気付けアドレスとして使える状態にあるとする。

① 攻撃者は，偽造した登録更新パケットをCNへ送る。偽造は，ただ「本来HoAの機器ですが，いま，CoAにいます」と偽の本拠地情報を語るだけのスプーフィングであって，パケットの送信元アドレスは攻撃者の使っているアドレスCoA，宛先アドレスはCNである。

② CNは，MNがCoAへローミングしていると信じ込み，経路最適化によるMN宛てのパケットを，送信元アドレスCN，宛先アドレスCoAとして送信する。MN宛てである旨は，「本来HoAの機器へ向けてです」

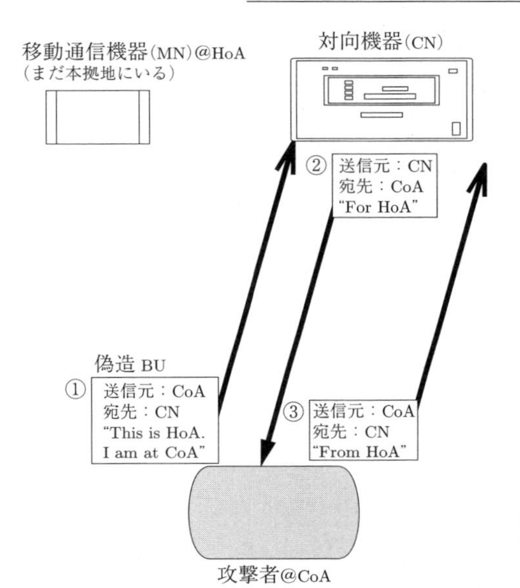


**図 3.4** 単純な経路最適化の脆弱性

という騙(だま)された本拠地情報を添えて示される。

③ 攻撃者は CN からのパケットを受け取り，CN 宛てに「本来 HoA の機器からです」という偽の本拠地情報を添え MN になりすましてパケットを返す。送信元アドレスは CoA，宛先アドレスは CN である。

同様に，「本来 CN の機器からです」という偽の本拠地情報を添えるだけのスプーフィングで偽造した登録更新パケット（送信元アドレスは CoA，宛先アドレスは HoA）を MN に送れば，攻撃者は MN に対して CN になりすますこともできる。MN が CN 宛てのつもりで CoA へ送信したパケットを盗聴して CN へ転送することができ，逆に，CN が MN 宛てのつもりで CoA へ送信したパケットを盗聴して MN へ転送することもできる。こうして，攻撃者は，MN と CN の間の通信をハイジャックできる。

このようにハイジャックする攻撃は，登録更新のための認証に VPN の仕組み（トンネリングや，VPN 接続を開始する際の認証）が活用されていないために可能となっている。そこで，正しい MN でなければ HoA からの VPN 経由のカプセルを受け取ってその中身を見ることはできないはずであると考え，

図 **3.5** のような認証機構を登録更新の手順に導入してみよう。

① CoA でローミング中の MN が，登録更新パケット BU を CN へ送る。

② CN は，すぐには経路最適化したパケットを CoA 宛てに送らない。代わりに，まず，認証のための鍵 $K$ を HoA 宛てに送信する。

③ HA は，$K$ をカプセル化して VPN 経由で MN へ転送する。

④ カプセルを開封して $K$ を受け取った MN は，$K$ を鍵とした BU のメッセージ認証子（暗号学的ハッシュ関数 $H$ を用いた $H(K\|\mathrm{BU})$）を BU とともに CN へ直接送る。

⑤ $K$ を保管していた CN は，メッセージ認証子を検証し，結果が OK ならば経路最適化をしたパケットによる MN との通信へ移行する。

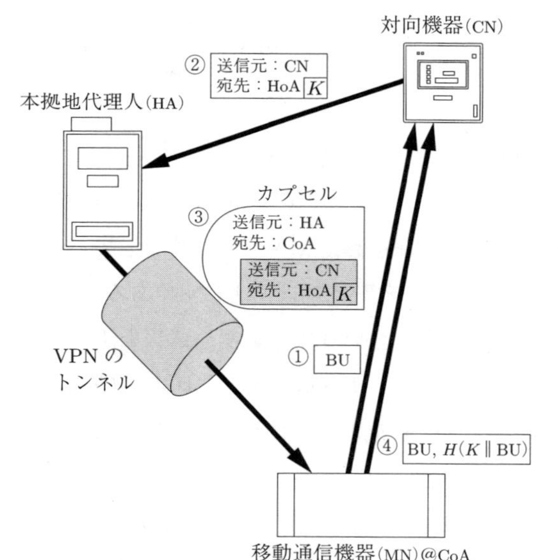


**図 3.5**　登録更新 (BU) の簡易な認証

ここまでの議論では，本拠地情報のスプーフィングは想定していたが，パケットの送信元 IP アドレス自体のスプーフィング（IP スプーフィング）は想定していなかった。IP スプーフィングがあれば，たとえ図 3.5 のような簡易な認証があったとしても，サービス妨害攻撃が可能となる。実際，外向きパケットのフィルタリングが甘い組織か，あるいはその組織自体が不正を考える組織であるような本拠地ネットワークに攻撃者 A がいて，ある対向機器 CN から大量のデータストリームをダウンロード中だとする。ここで，A は，送信元アドレスとして標的のアドレス V を語るスプーフィングをして，宛先アドレスが CN である登録更新 (BU) パケットで「本来 A の機器ですが，いま，V にいます」という情報を CN へ伝える。送信元アドレスとローミング先情報に関する，二重のスプーフィングである。すると，CN が鍵 $K$ を A へ送った時，A は VPN 接続など経由せずとも直接それを受け取るので，鍵 $K$ を用いた BU の正しいメッセージ認証子を計算できる。よって，A は，再び送信元アドレスをスプーフィングして V にした上で，メッセージ認証子を添えた BU を CN へ送ることができる。メッセージ認証子を検証した結果は OK となり，以降，CN から V へ向けて大量のデータストリームが送られる。こうして，V がサービス妨害攻撃の被害に遭う。元の IP にはなく，モバイル IP を導入したことによって生じる脆弱性である点が，特に問題である。

サービス妨害攻撃対策として，**図 3.6** のように，登録更新に関するローミング先への直接確認を加えた認証機構を考えることもできる。

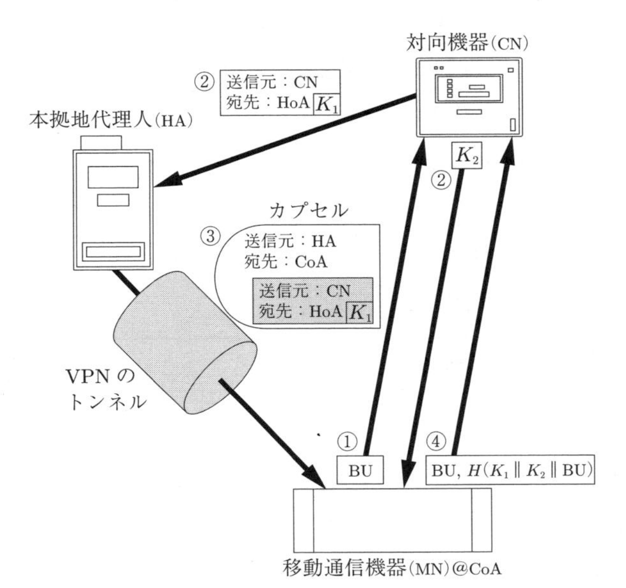


**図 3.6** 登録更新 (BU) の二重認証

① CoA でローミング中の MN が，登録更新パケット BU を CN へ送る。

② CN は，すぐには経路最適化したパケットを CoA 宛てに送らない。代わりに，まず，認証のための鍵 $K_1$ を HoA 宛てに送信する。同じく，ローミング先への直接確認のための鍵 $K_2$ を，CoA 宛てに送信する。$K_2$ を送るパケットの送信元アドレスは CN，宛先アドレスは CoA であって，「本来 HoA の機器へ向けてです」という宛先の本拠地情報が添えられる。

③ HA は，$K$ をカプセル化して VPN 経由で MN へ転送する。

④ MN は，カプセルを開封して $K_1$ を受け取り，また，CN から直接 $K_2$ を受け取る。そして，MN は，$K_1 \| K_2$ を鍵とした BU のメッセージ認証子（暗号学的ハッシュ関数 $H$ を用いた $H(K_1 \| K_2 \| \mathrm{BU})$）を BU とともに CN へ直接送る。

⑤ $K_1$ と $K_2$ を保管していた CN は，メッセージ認証子を検証し，結果が OK ならば経路最適化をしたパケットによる MN との通信へ移行する。

これでもまだ問題は残っているが，さらに攻撃とプロトコル改善を続けることが本節の目的ではないので打ち切る。重要な教訓は，下記の四つである。

- プロトコルを変更した時には，新たな脆弱性がもたらされている可能性も考慮し，あらためて安全性評価に取り組まなければならない。特に，効率化や利便性向上の工夫は危険な場合が多い。
- どの立場の参加者も，攻撃者になる可能性がある。
- 暗号プリミティブが破られなくても，プロトコルに脆弱性は生じ得る。
- 自称するだけのアドレスや ID は，必ずしも信用できない。

## 3.3　TLS と Web セキュリティ

### 3.3.1　TLS

インターネットで新たなサービスが脚光を浴びる時，実際にユーザが相対するインタフェースは，Web ブラウザである場合が多い。検索サービス，ソーシャルネットワーキングサービス (**SNS**: social networking service)，インターネットショッピング，インターネットバンキング，ネットオークションなどを考えても，Web セキュリティは重要であることがわかる。それらのサービスの入口で ID とパスワードを入力する時，平文のままでインターネットへ送信するのは危険なので，すでに暗号化通信の必要性が生じている。暗号化した Web 通信を支える標準プロトコルが，**TLS** (transport layer security) である。特定のブラウザ開発者が設計した **SSL** (secure sockets layer) というプロトコルが元になっているため，SSL/TLS などのように併記される場合も多い。

ここでは，TLS においてセッション鍵を確立する仕組み（**ハンドシェイク**）を学ぶ。Diffie-Hellman 鍵共有を利用したプロトコルも RSA 暗号を利用した鍵配送も規定されているので，総称する時にはハンドシェイクという呼び方の方が誤解の恐れが少ない。認証付き Diffie-Hellman 鍵共有の例は IKE で学んだので，TLS に関しては RSA 暗号を利用した鍵配送の仕組みを見よう。一部表記の調整や簡略化をしているが，おおむねの構成は例 3.2 のとおりである。

**例 3.2　TLS における鍵配送の基本的な仕組み**

**準備：** クライアントの Web ブラウザに，認証局の公開鍵が組み込まれている。サーバは，サーバの公開鍵に対して，認証局から公開鍵証明書を発行してもらっておく。

**ハンドシェイク：** クライアント認証をしない基本的なやり取りの概略を示す。

① クライアントは，乱数 $r_c$ を生成し，利用可能な暗号アルゴリズムのリストとともにサーバへ送る。

② サーバは，乱数 $r_s$ を生成し，クライアントから送られたリストの中から今回利用すべく選択した暗号アルゴリズムの情報とともに，クライアントへ送る。通常は，サーバで利用可能なアルゴリズムのリストを優先度順位付きで用意しておき，クライアントから送られてきたリストにも含まれているもののうちで優先度最上位のものを選択する。また，セッション ID や，サーバの公開鍵とそ

の公開鍵証明書も，クライアントへ送る。

③ クライアントは，サーバの公開鍵証明書を検証する。検証結果がOKならば，**鍵生成の種**（**PMS**: pre-master secret）をサーバの公開鍵で暗号化してサーバへ送る。

④ クライアントもサーバも，PMS，相互に送り合った乱数，セッションIDなどをハッシュ関数に入力し，セッション鍵一式を，クライアントからサーバへの暗号化通信と逆向きの暗号化通信のそれぞれに対して生成する。そして，それらの利用開始をたがいに宣言する。

………………………………………………………………………………………

基本的な設計方針として，暗号アルゴリズムと使い方に関する柔軟性，サービス妨害攻撃対策，セッション鍵一式の生成，そして両者貢献性が意識されている点は，IKEと同様である。ただし，相違点が少なくとも二つある。

第一の相違点は，鍵管理の前提である。Webの暗号化通信は，外出中の構成員に限らず，不特定多数のクライアントからサーバへ接続要求が届くことを想定した使い方が多い。そのため，サーバ認証は必須であるが，クライアント認証はオプションとする。

第二の相違点は，上り方向と下り方向の区別である。すなわち，生成されるセッション鍵一式は，サーバからクライアントへの暗号化通信とクライアントからサーバへの暗号化通信で区別され，合計6個になる（各方向について，共通鍵ブロック暗号の秘密鍵，その動作モードで使う初期ベクトル，そして，MACによるメッセージ認証で用いる秘密鍵）。

サーバ認証をするといっても，クライアントがサーバ運用者と知り合いで，接続要求を出す前からサーバの正しい公開鍵を知っているとは限らない。そのため，公開鍵とその公開鍵の名義†を示す情報に有効期限などの管理情報を付し，証明書発行申請審査の厳格さを表す情報も添えた情報一式に対して，その正当性を保証する役割を担う業者や機関が電子署名を施した**公開鍵証明書**（public-key

† 認証レベルによっては，必ずしも法的責任能力のある個人名や法人名ではない。

certificate) を利用する。公開鍵証明書を発行する業者や機関を，**認証局** (**CA**: certificate authority) という。主立った認証局の電子署名を検証するために用いる認証局自身の公開鍵は，たいていの Web ブラウザに最初から組み込まれている。認証局の電子署名検証結果が OK で，かつ，有効期限などの証明書情報も問題なければ，その証明書の検証結果を OK とする。

### 3.3.2　インジェクション攻撃

TLS でハンドシェイクすれば，セッション鍵一式が生成され，それらを用いた暗号化通信が可能となる。よって，インターネットを介した先にあるサーバで提供されているサービスにログインする時に，ユーザは安心して ID とパスワードを入力して暗号化通信でサーバへ送ることができる。しかし，だからといって，ID とパスワードによるクライアント認証が安全だとは限らない。

例えば，サーバ側で

Do *Log-In-Success-Procedure*(‘*get*(input 1)’)

　if **id** = ‘*get*(input 1)’ and **password** = ‘*get*(input 2)’

というコードで ID とパスワードを検証する場合を考えよう。ここでは，シングルクオーテーションで挟まれた値を文字列として抽出するつもりの仮想的な言語を想定している。いま，name という ID が実在していることを知っている攻撃者が，入力 1 として「name」を入力し，入力 2 として「h’ or ‘a’ = ‘a」を入力したとする。この時

Do *Log-In-Success-Procedure*(‘name’)

　if **id** = ‘name’ and **password** = ‘h’ or ‘a’ = ‘a’

となり if 以降の条件判断が「or ‘a’ = ‘a’」の影響で真となってしまう言語仕様であるならば，ID が name であるユーザのパスワードを攻撃者が知らなくともログインに成功する。このように言語仕様の問題などを突く制御性を持つ入力を注入する攻撃を，**インジェクション攻撃** (injection attack) という。

上記の例は簡単な対策で修正できる単純な脆弱性であるが，実際には複雑な脆弱性も少なくない。そして，多くの場合，Web アプリケーションにおける安全な

コーディングは，それぞれの開発者任せである。脆弱性の検出方法も経験的なものであって，検出漏れがありアプリケーション使用開始後に脆弱性が発覚する可能性を否定できない。実行時に攻撃を検出する対策にも一定の効果はあるが，実行負荷の増大が遅延をもたらし，利便性を下げる。かといって，スピード重視で精度の低い検出プロセスにすると，**False Negative** と呼ばれる検出漏れ（攻撃であるにも関わらず攻撃でないと判定される現象）や，**False Positive** と呼ばれる誤検出（攻撃でないにも関わらず攻撃であると判定される現象）の発生率が高まる。言語がバージョンアップした場合や，Web アプリケーション自体をバージョンアップした場合には，また新たな脆弱性が出現するリスクがある。

さらに，より深刻な問題として，そのサーバが対策を徹底しているかどうかをユーザが知る術がないことがある。ただし，「TLS で用いる公開鍵証明書としてどのレベルのものを取得しているか」といった

- ユーザを含む第三者が検証可能な定量的情報であって，情報セキュリティへの取組みの積極性や認識の程度を反映している可能性のある情報

から，当該 Web サイトの危険性を間接的に推測することは無意味ではない。サーバ認証のための公開鍵証明書検証作業だけならば自動化できるが，全体としては，人とのインタフェースに踏み込む必要がある。

### 3.3.3 標的型攻撃

実空間で，内容に不審な点がないか確認するルーチンを怠ったり判断基準をつい甘くしたりすれば，詐欺などの被害に遭うリスクが高まる。サイバー空間においても同様であり，不審さを判断する基準を甘くさせるように攻撃対象（標的）に合わせて工夫してくる攻撃を総称して，**標的型攻撃** (targeted attack)† という。

典型的な手口は，言葉巧みに誘導する電子メールである。電子メールが届いたということは，攻撃者はその宛先であるメールアドレスを知っているということである。具体的な組織のドメインならば，その組織に合わせた文面や差出人表示名を使って攻撃するであろう。また，多くの組織では，ホームページを

† 狭義には，「特定の組織内の情報を狙う攻撃」と定義される。

公開している。そのホームページにおいて，組織名を特徴的なフォントで表示したり，ロゴマークを掲げていたりする場合も多い。それらを真似たものを表示した偽のページを準備してそこへ誘導し，何らかの手続きが必要だと信じ込ませてパスワードを入力させる，という手口も多い。

あるいは，フリーメールのアドレスや民間プロバイダのアドレスは，私生活での個人のメールアドレスとして使われることが多い。それらのアドレスに対しては，私生活と関わり深い手口が特に脅威となる。例えば，インターネットショッピングの購入確認メールを偽造して送りつける攻撃には，一つの不審さに目を向けさせて注意をそらし，あるいは慌てさせることによって，別の不審さに気づかせない，という特徴がある。受信者は，身に覚えのない買物なので，不審に思う。不審に思ったがゆえに「確認しよう」と考えてリンクをクリックし，それが原因でマルウェアに感染する場合もある。その電子メールが不審なのだからメール文中に示されているリンクも怪しいはずであるが，その電子メールが不審であるがゆえに慌ててしまいがちなのである。

リンクをクリックするなどしてWebサイトを表示する前に，URLを目視確認してよく考えるよう，管理者はユーザに注意を促すべきである。アドレス確認のベストプラクティスは，Webセキュリティにおいても当てはまる。

## 3.4 情報セキュリティの基盤

### 3.4.1 認証基盤

〔1〕 **PKI** ネットワークセキュリティのプロトコルにおいて，任意のクライアントが電子署名を生成できるようにするためには，その検証で用いる公開鍵の正当性を証明する公開鍵証明書の発行運用体制を整備するなど，何らかの身元証明用インフラストラクチャが必要である。身元証明用インフラストラクチャ†を一般に**認証基盤**といい，特に公開鍵証明書を発行する認証局を用いた

† 必ずしも個人や法人を特定できる身元とは限らない。例えば，単に実在するアドレスという程度のものもある。

基盤を，**公開鍵基盤** (**PKI**: public-key infrastructure) という。任意の文字列を公開鍵として利用できるタイプの公開鍵暗号であって，メールアドレスなどの実在アドレス自体を公開鍵にするという実装を意識してIDベース暗号と呼ばれるものもあるが，その場合にはアドレス基盤自体が認証基盤の構成要素である。

PKIを運用する際の本質的な問題は，公開鍵の無効化 (revocation) である。公開鍵証明書には有効期間が明記されているが，対応する秘密鍵が漏洩した可能性が発覚したり，秘密鍵の所持者が資格を消失したり，あるいは技術的脆弱性が発覚するなどして，証明書を無効にする必要が生じる場合がある。最も単純な方法は，認証局が無効化済みの証明書リストすなわち**証明書失効リスト** (**CRL**: certificate revocation list) を管理する方法である。最新のCRLを適宜配布するか，あるいは適宜問合せに回答するなどして，検証に反映させる。CRLの更新時に差分だけを追加配布するなど，さまざまな工夫はあり得るが，システムの負荷は増す。さらに，遅延皆無で完璧に同期する分散データベースは不可能なので，失効事由が生じてから実際に公開鍵証明書の検証に無効化が反映されるまでに，必ずタイムラグがある。その悪影響が無視できないアプリケーションでは，電子証拠物や制度を含む事後対応の仕組みが重要な検討事項となる。

PKIのもう一つの問題は，いかに普及させるかという問題である。

まず，公開鍵暗号技術を「暗号文を復号する立場や電子署名を生成する立場」で使いたい人や組織のすべてが，公開鍵証明書の発行を受けるかどうか，という問題がある。実際，認証局に公開鍵証明書を発行してもらう登録手続きを，すべてのユーザがするのは難しいであろう。一方，インターネットでサービスを展開する事業者がその準備として登録する手続きは，さほど無理なく浸透させることができる。TLSによる暗号化Web通信の普及には，サーバ認証に焦点を当てたことが大きく貢献した。公開鍵証明書の発行申請が必要な主体を，現実的な範囲に収めたからである。ただし，クライアント認証を暗号化通信セッション移行後にアプリケーションのサービスレベルで独自に行うので，その独自システムの脆弱性（例えばパスワード認証に関係する問題）への対応を認証基盤の外の問題として積み残すことになる。

つぎに，公開鍵暗号技術を「平文を暗号化する立場や電子署名を検証する立場」で使いたい人や組織のすべてが，認証局の電子署名を検証するための公開鍵をその真正性を確保して入手できるか，という問題がある。実際，入手作業をすべてのユーザが自分で意識して実行するのは，難しいであろう。一方で，Webブラウザをインタフェースとするサービスを使おうとしているユーザであるからには，Webブラウザをインストールしているはずである。また，Webブラウザの自動更新を設定していれば，Webブラウザに組み込まれる情報の更新も同時に可能となる。よって，TLSによる暗号化Web通信の普及には，Webブラウザへの認証局公開鍵の組込みも大きく貢献した。ただし，認証局事業の寡占化による問題が起きたり，逆に，不適切に広がって認証局の質の問題が起きたりしないよう，十分注意する必要がある。

〔**2**〕　**認証レベル**　　TLSで用いる公開鍵証明書には，発行可否の審査の厳格さによって，三つの異なるレベル（認証レベル）がある。それぞれの認証レベルに対して，どの公開鍵暗号アルゴリズムや電子署名アルゴリズムへの対応を要求するかといった暗号強度要件は，認証局の判断による。

**DV** (domain validation)**：**簡素な審査に基づく低いレベルの認証。証明書が使われるWebサイト（サーバ）のドメインについて，確かに使用する権利があることのみを認証する。

**OV** (organization validation)**：**中程度の厳格さの審査に基づく中程度のレベルの認証。ドメイン使用権の認証に加え，サーバを運営する組織の実在を認証する。証明書の発行を申請する組織は，実在する組織名を添えて申請する。認証局は，その名称の組織が実在するかどうかを，調査会社を利用したり自ら実地調査したりして確認する。さらに，確かにその組織が申請したかどうかを，直接その組織に確認する。ただし，これらの確認の基準は統一されておらず，認証局の裁量に依存する。

**EV** (extended validation)**：**最も厳格な審査に基づく高いレベルの認証。

ドメイン使用権の認証に加え，サーバを運営する組織の実在を認証する。実在認証では，OV よりもさらに踏み込み，「組織が実在する」と見なす基準を高く設定して，厳格に認証する。例えば，設立から日の浅い組織に対しては銀行口座の保有情報といった信用情報に近いものに踏み込んで，信用できる組織としての実在を確認する。これらの厳格さの基準はおおむね統一されており，認証局の裁量への依存度が低い。また，主要な Web ブラウザでは，暗号化通信のセッションへ移行した後に，EV であることを画面上で組織名とともに視認できる配慮もある。

組織の実在を確認しない DV の場合には，実在する組織と紛らわしいドメイン名で立てた Web サーバを使った詐欺目的の Web サイトであるリスクがある。実在する組織であっても紛らわしいドメイン名はあり得るが，実在が確かめられていれば，悪質な場合に追跡できる可能性が高いし，組織名自体は紛らわしくない場合もある。すなわち，OV や EV のように厳格化すれば，詐欺目的の Web サイトをある程度抑制できる。

ただし，TLS を用いた暗号化通信のセッションへ移行済みであることをユーザへ知らせる仕組み†1や，OV や EV であることをユーザへ知らせる仕組み†2があるとはいえ，それらに注意を向けるかどうか，そして，どう判断するかは，ユーザに委ねられている。また，ユーザは，少なくとも Web ブラウザの画面を見ている。そこに表示されるコンテンツ自体が紛らわしく，なにかに似せて作られた偽の Web サイトである可能性もある。あるいは，コンテンツの中に，EV である旨を知らせる仕組みに似せた表示が含まれている可能性もある。総合して，騙されるユーザがある程度の割合で存在し，詐欺を試みる攻撃者が追跡を回避しつつ十分な利益を得られる可能性があるならば，認証基盤の不正抑止力は限定的なものとなる。

†1　URL 先頭のプロトコル表示が https になったり，鍵をかけた印が表示されたりすることによる。

†2　Web ブラウザのオプション画面などで表示できる公開鍵証明書情報や，EV の場合の視認性のある表示による。

サービスを含むネットワークセキュリティには，ユーザへの認知度向上や普及啓発が不可欠である。

〔3〕 **アドレス**　　アドレスは，通信の送信元や宛先を指定する情報として使われる。想定する攻撃モデルのもとで，アドレスの真正性を確保できるならば，送信元や宛先を特定する認証基盤としてアドレス基盤を利用できる。

例えば，パケットフィルタリングでスプーフィングを遮断する際には，IP アドレスの仕組みがアドレス基盤として機能した。同じく，ネットワーク接続機能を持つ機器やデバイスに対して重複しないよう唯一無二性を守って割り当てられた**MAC アドレス** (media access control address) を，組織内部で登録した機器の判別に用いる時には，MAC アドレスの付与に関して業界で徹底している唯一無二性の運用が，認証基盤としての機能に貢献している。

アプリケーションにおいても，アドレス確認は重要である。実際，詐欺目的の電子メールを判別する際に，差出人アドレス（表示名ではなくアドレスそのもの）を目視で確認することは有効である。例えば，自分の組織の管理者からの連絡と称する電子メールが，別のドメインのアドレスから届いた場合には，攻撃メールである可能性が高い†1。Web サイトへアクセスする場合にも，その URL を目視で確認することは有効である†2。例えば，自分の組織の管理者からの連絡と称する電子メールが，別のドメインの URL をクリックするよう促す文面を含んでいる場合には，攻撃メールである可能性が高い。

アプリケーションレベルで動作するファイアウォール機能は，アドレス基盤や人と協調して効果を発揮するものが多い。例えば，本文やリンクの情報から詐欺メールの可能性が高いと判断され，電子メールを読み書きするソフトウェアが警告を表示し，外部画像の表示をブロックしたとする。これを見たユーザが差出人のアドレスを見て警告の正誤を判断することは，一定程度有効である。しかし，単に面倒だからすべての警告を無視するという行動をとると攻撃の犠

†1　ただし，パスワードが破られてアカウントが乗っ取られている可能性などさまざまなリスクもあるので，アドレスが怪しくないからといって安全だと断言はできない。

†2　ただし，Web サイトが改ざんされてそこに不正なリンクが含まれている可能性などさまざまなリスクもあるので，URL が怪しくないからといって安全だと断言はできない。

牲になりかねず，逆に自分は安全志向だから警告の出た電子メールはすべて捨てるという行動をとると，必要な電子メールを見逃してしまいかねない。Web ブラウザがアクセス先ホームページの危険性を警告する機能や，ポップアップをブロックする機能についても，その効果はユーザの判断能力や行動性向に大きく依存する。

やはり，サービスを含むネットワークセキュリティには，ユーザへの認知度向上や普及啓発が不可欠である。

### 3.4.2 情報共有基盤

攻撃ツールの流通や，インターネット上での攻撃を煽（あお）る発言など，攻撃者側の情報共有は実際に脅威となっている。防御者側も，有効な情報共有基盤を持って対抗することが不可欠である。

〔1〕 **ISAC**　構成員に対して，業務で使用する計算機におけるセキュリティソフトウェアの使用を義務づけるのは当然であるが，セキュリティソフトウェアがパーソナルファイアウォールとして有効に機能するためには，それが最新の状態に保たれている必要がある。最新の状態に保つためには，その設定変更などを，セキュリティソフトウェアのベンダーから入手して反映させることになる。そもそもベンダーが最新の攻撃情報や脆弱性情報を把握していなければ，それらへの対策を自社ソフトウェアの設定更新に反映させられない。業界で情報を共有する有効な仕組みがあれば，それは，情報セキュリティのための基盤の一つといえる。同様に，さまざまな括り方で，業界内かあるいは分野横断的な情報共有を実現する仕組みが，情報セキュリティのための基盤となる場合は少なくない。このような役割を果たす民間組織を，**情報共有分析組織**（**ISAC**: information sharing and analysis center）と呼ぶ。

ISAC の実効性と継続性を確保するためには，いくつかの要点がある。

- 動機付け支援の原則に留意した制度設計と運用が必要である。不十分ならば，普及の度合いや，情報の質などに問題を生じる。
- 人材育成に配慮した運営が求められる。ISAC の活動には，技術力だけでなく，倫理観や判断力，調整能力などが高いレベルで求められる。また，ISAC での活動を経験してそれらの能力がさらに向上する側面があれば，参加するインセンティブにもなる。適格な人材の供給が続くよう，ISAC においても参加・協力組織においても，人材育成への配慮が果たす役割は大きい。

- インシデントの防止だけでなく，対応（インシデントレスポンス）や復旧能力の向上も目的に含める。インシデントは起こり得るという前提で，体制を整える必要がある。

〔**2**〕 **標準化**　高い透明性で技術情報を正確に共有するためには，標準化が有効である。特に情報セキュリティでは，標準化の過程で安全性評価情報を共有できることが，意義をいっそう大きくしている。標準化は，また，ユーザと協調して効果を高める防御においても有効である。例えば，TLS の公開鍵証明書において最高の認証レベルをユーザへ明示する効果は，業界内で基準が統一され Web ブラウザへの普及率が高くなることによって，いっそう大きくなる。

〔**3**〕 **製品認証**　開発された情報セキュリティ技術の安全性が高くても，実装に不備があれば，ユーザに提供される安全性は低くなる。理論的に安全性証明がされている暗号技術ですら，例外ではない。簡単な例として，ハッシュ関数の Merkle-Damgård 構成では，所定のビットを 0 でパディングするか 1 でパディングするかが，安全性証明において重要な役割を果たしている。パディングのビット数や位置さえ合っていれば，この 0 と 1 を違えて実装しても，ソフトウェアが動作するかどうかという意味では不具合（バグ）はない。しかし，安全性証明が成り立たない実装になってしまう。既知の脆弱性（例えば，避けるべき数値として知られているパラメータ設定）を漏れなく把握し，それらへの対策をとった実装をしているか，という点も重要である。

具体的な製品における実装の正しさをその製品のユーザが知る術がなければ，正しい実装の普及が阻害されかねない。この問題を克服するための仕組みとして，**製品認証** (product validation) が有効である。例えば，暗号製品の場合には，暗号モジュール（暗号アルゴリズムを用いたひとまとまりのソフトウェアやハードウェアであって，最終製品を構成する部品としてベンダーからベンダーへ提供されるものも含む）が正しく実装されているかどうかを試験して認証する制度†が運用されている。ベンダーですら実装の正しさの検証が難しいほど専門性の高い技術が少なくないことだけでなく，正しいかどうかを判断する基準がきわめて繊細であるということもあって，製品認証制度の役割は大きい。注意事項を含む技術情報共有の効果を，製品レベルで確保するための基盤である。

## 演 習 問 題

〔**3.1**〕 ファーストマッチ型の設定表でパケットフィルタリングするファイアウォールに，機械学習による分類器を導入した。ただし，利用は設定表の最終行だけにとどめ，デフォルト設定の動作を「棄却」ではなく「分類器の判断に従って，許可または棄却する」とした。このような機械学習導入の是非を論ぜよ。

〔**3.2**〕 図3.2におけるファイアウォール2とルータを兼ねたモジュールを，ファイアウォール2専用のモジュールとルータ専用のモジュールに分割し，直列に接続することにした。ルータ専用モジュールを外側に設置する構成と，内側に設置する構成の違いを論ぜよ。

〔**3.3**〕 ある大学が，学内外の境界にDMZを設けてファイアウォールを設置している。このファイアウォールにはルータ機能も持たせてあるが，NATは導入していない。また，内部から外部へのパケットはIPスプーフィングしていない限りそのまま通し，応答が外部から返ってきたら無条件に通すよう設定されている。この大学で，無線LANのアクセスポイントとなる機器を研究室が独自に設置することの是非を議論している。情報セキュリティの観点からいかなる検討をすべきか，考察せよ。

〔**3.4**〕 VPNを活用したローミングにおいて，登録更新による経路最適化が行われている。図3.6のように二重の認証が導入されても成立し得る攻撃として，対向機器CNを標的とした攻撃の例を指摘せよ。

〔**3.5**〕 例3.2に示したTLSにおける鍵配送の仕組みにおいて，フォワードセキュリティを論ぜよ。

〔**3.6**〕 定義3.1のDiffie-Hellman鍵共有は，「素数 $p$，生成元 $g$，およびDiffie-Hellman公開値 $X$ と $Y$ から，共有される鍵 $K_{ab}$ を求める問題」が容易に解ければ

---

† わが国では，**暗号モジュール試験および認証制度**（**JCMVP**: Japan cryptographic module validation program）と呼ばれている。

危険である。この $K_{ab}$ を求める問題を，計算 Diffie-Hellman 問題 (computational Diffie-Hellman problem) と呼ぶ。この時，演習問題〔2.6〕で見た教科書的エルガマル暗号に関して，つぎの定理 3.1 が成り立つ。その証明における空欄 (1)～空欄 (7) を埋めよ。

---

**定理 3.1　教科書的エルガマル暗号と計算 Diffie-Hellman 問題の関係**

教科書的エルガマル暗号において公開鍵と暗号文から平文を求める（入力長の）多項式時間アルゴリズムが存在するための必要十分条件は，計算 Diffie-Hellman 問題を解く（入力長の）多項式時間アルゴリズムが存在することである。

**証明**　教科書的エルガマル暗号において公開鍵と暗号文から平文を求める多項式時間アルゴリズム $\mathcal{A}$ が存在するならば，以下のようにして計算 Diffie-Hellman 問題を解く多項式時間アルゴリズムを構成できる。

① 計算 Diffie-Hellman 問題として $(p, g, g^a \pmod p), g^b \pmod p)$ が与えられたとする。

② $\mathbb{Z}_p^*$ の元 $r$ をランダムに選び，公開鍵を $(p, g, g^a \pmod p))$ とし，$\mathcal{A}$ を用いて暗号文 ( 空欄 (1) , $r$) に対応する平文 $m$ を求める。

③ 空欄 (2) を計算して計算 Diffie-Hellman 問題の解を得る。

逆に，計算 Diffie-Hellman 問題を解く多項式時間アルゴリズム $\mathcal{B}$ が存在するならば，以下のようにして教科書的エルガマル暗号の公開鍵と暗号文から平文を求める多項式時間アルゴリズムを構成できる。

① 教科書的エルガマル暗号の公開鍵 $(p, g, g^x \pmod p))$ と暗号文 $(g^r \pmod p), c_2)$ が与えられたとする。

② 計算 Diffie-Hellman 問題として ($p$, $g$, 空欄 (3) , 空欄 (4) ) を考え，$\mathcal{B}$ を用いて，計算 Diffie-Hellman 問題の解 空欄 (5) を得る。

③ 攻撃者は，法 $p$ のもとで 空欄 (6) の逆元と 空欄 (7) の積を計算し，平文とする。

（証明終わり）

---

# 4章 コンピュータセキュリティ

## ◆本章のテーマ

コンピュータセキュリティでは，端末のリソースに着目して安全性を論じる。暗号でもネットワークセキュリティでも，利用者は何らかの端末を使うので，コンピュータセキュリティはすべての入口としての性格を持つ。入口を通って端末を使い始めると，利用者は強大な権限を持つ。よって利用者が騙されることは脅威であるが，端末が乗っ取られたりマルウェアに感染したりすると，脅威はさらに深刻になる。本章の目的は，入口におけるアクセス制御をユーザブルセキュリティに留意して学び，マルウェア対策を踏まえて端末の安全性に関する理解を深めることにある。

## ◆本章の構成（キーワード）

4.1　アクセス制御

認可，同定，任意アクセス制御，強制アクセス制御，アクセス制御行列

4.2　個人認証

パスワード，辞書攻撃，生体認証，多要素認証，フォールバック認証

4.3　マルウェア

表層解析，静的解析，動的解析，バッファオーバーフロー，バックアップ

## ◆本章を学ぶと以下の内容をマスターできます

☞　脆弱性の起源

☞　情報セキュリティと利便性の関係

☞　情報セキュリティのための設定と判定

☞　情報セキュリティにおける異常対応の実際

## 4.1 アクセス制御

### 4.1.1 枠組み

情報セキュリティ分野における**アクセス制御** (access control) とは，情報セキュリティの基本要素に関する品質管理のために，規則に従ってリソースへのアクセスを制御することである。コンピュータセキュリティに限定すると，「リソース」としては例えば，ファイル，ディレクトリ，メモリ空間などがある。同じく，「アクセス」とは，主体とオブジェクトの間でデータや指示など何らかの情報の流れが発生する相互作用のことをいう。ユーザやシステムによって起動されたプロセス（主体）からリソース（オブジェクト）へのアクセス要求は，**参照モニタ** (reference monitor) に監視される。参照モニタは，アクセス制御ポリシー，主体の ID や属性，オブジェクトの種類などの情報に基づき，アクセスの可否を判定する。これが，アクセス制御の基本的な枠組みである（**図 4.1**）。

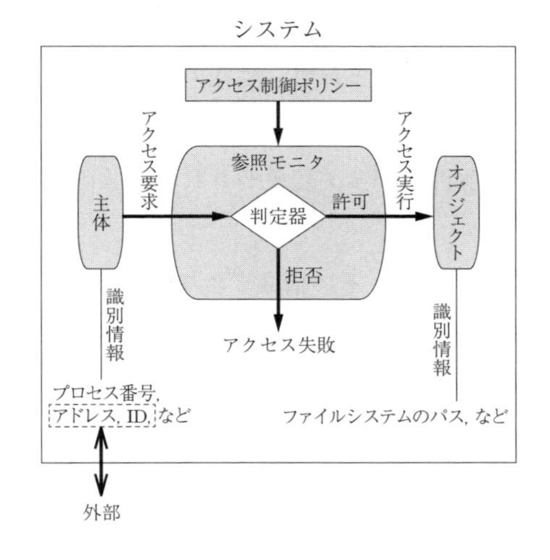


**図 4.1** アクセス制御の枠組み

コンピュータセキュリティに限定せず，情報セキュリティ全般では，ユーザそのものを主体と見なしてモデル化する場合などもある。すなわち，より一般化した主体の定義は，システムにおける能動的な実体である。主体は

- ユーザ名などのユーザ識別子 (ID)

- オペレーティングシステムなどのソフトウェアで割り当てられたプロセス番号
- ネットワークのプロトコルなどで参照されるアドレス

といった識別情報で識別される。ID とアドレスは外部でも参照されることが多い。オブジェクトは，例えばファイルシステムのパス（を含むファイル名）などの識別情報で識別される。

### 4.1.2 認証と認可

まず，計算機だけで閉じた世界を考える。典型的な参照モニタは，オペレーティングシステムの構成要素であり，**TCB** (trusted computing base) の一部と見なされる。

狭義の TCB は，オペレーティングシステムにおいて，アクセス制御ポリシーを含むセキュリティポリシーを強制するために必要なメカニズムすべてを指す。ハードウェアやソフトウェア，さらに基本的なファイルとその管理メカニズムも含まれるが，不必要に広い範囲までは含まれず，動作の完全性が検証されたものとして信頼される。制御対象は TCB を迂回できず，また，TCB には，耐タンパー性（非正規な手段による解析や干渉，変更がされない強固さ）が求められる。

広義の TCB は，情報システムにおいて，その構成要素を「攻撃者が解析や干渉，変更をしてもセキュリティポリシーの強制に影響しない構成要素」と，それ以外の構成要素に分類した時の後者すべてから成る集合を意味する。TCB は，できるだけ拡張性と安全性を両立して情報システムを設計するための，有力な考え方である。

例えば，ファイルシステムにおいて，主体の ID や属性の情報が「一般ユーザに起動されたもの」「管理者に起動されたもの」「システムに起動されたもの」という三種類しか定義されておらず，オブジェクトであるそれぞれのファイルに対して「各属性の主体にいかなるアクセスを許可するか」を設定してラベル付けした場合，このラベル付けがアクセス制御ポリシーの実装に当たる。このようにオブジェクト単位でアクセス制御ポリシーの設定情報を管理する方式を，**アクセス制御リスト** (**ACL**: access-control list) という。アクセスの種類がファイルの読出し (r)，書込み (w)，実行 (x) の三つだけである例を図 **4.2** に示す。主体からアクセス要求があれば，その可否を，参照モニタがラベルに基づいて判定する。TCB が真に「trusted」ならば，この判定はラベルに忠実である。

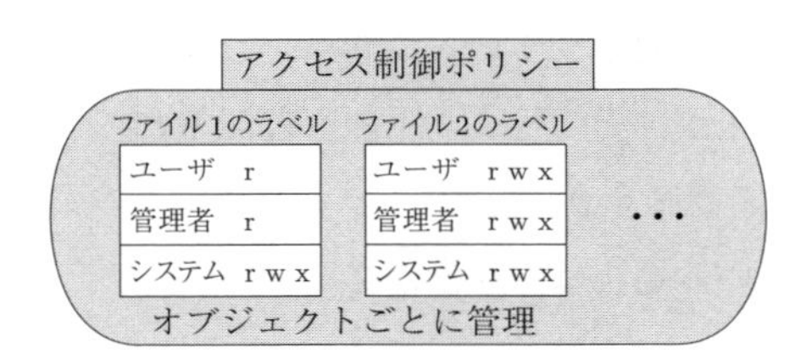


図 **4.2** アクセス制御リストの例

閉じた世界でない場合，主体の ID や属性情報を確かな信頼できる情報とするためには，認証が必要である。認証要求が拒否された場合には，被認証者であるユーザやシステムが主体を起動することはない。認証要求が受け入れられた場合には，被認証者であるユーザやシステムが主体を起動できる。参照モニタは，アクセス制御ポリシーから「それぞれのリソースへのアクセス権限として主体になにが認められているか」を知り，主体からリソースへのアクセス要求があった時，それを認める（認可する）かどうか判定する。認可するかどうか判定することを，単に**認可** (authorization) という。

このように認証と認可でアクセス制御が成り立つ場合でも，認可の部分だけをアクセス制御ということがある。一方，認証段階で要求が拒否された場合でも，「アクセス要求が拒否された」ということがある。特に

- まず認証要求を出してそれが受け入れられれば主体を起動できる状態となり，その状態を終了するまでの間，主体を通じてアクセス制御ポリシーの許す権限でさまざまなアクセス要求を出す

という利用方法ではなく

- 独立した一つの「アクセス要求」に関して認証も認可も合わせて一気に判定されているように見える

場合には，表現が錯綜しがちである。アクセス制御では，文脈に注意が必要である。

ネットワークセキュリティへ視野を広げれば，認証とアクセス制御に関する誤解や曖昧な認識が起こりやすい。例えば，ファイアウォールの設定表における各行の意味を認証と認可の枠組みで整理できないほど設定表が複雑になった場合，脆弱性につながる設定ミスを犯しやすい。これは，設定表の各行で表現されている属性条件の正確な意味が，その行より上の行に記されていた属性条件に依存するからである。特に，認証を意識した工夫†とパケットの属性の信憑性との関係がほかの行に隠れている場合は，注意が必要である。

### 4.1.3 モ デ ル

アクセス制御ポリシーの設定に関するモデルを，**アクセス制御モデル**という。アクセス制御モデルは，さまざまな着眼点で分類できる。ただし，具体的な実装は，必ずしも明確に分類に当てはまらなかったり，異なるモデルを使い分けた複雑な構成をしていたりする場合がある。

- 設定者による分類

  **任意アクセス制御 (DAC: discretionary access control)：** アクセス制御ポリシーを，リソースの所有者が決める。

  **強制アクセス制御 (MAC: mandatory access control)：** アクセス制御ポリシーを，システムの管理者が決める。

- 設定方式による分類

  **規則に基づくアクセス制御：** 主体とオブジェクトの間に，アクセスに関する規則を定める。強制アクセス制御と相性がよい。規則の例としては，1 章で触れた NRU と NWD などがある。

  **アクセス制御行列モデル：** アクセス制御リストを集めて合わせれば，各行が主体を識別する ID や属性で，各列がオブジェクトに相当する

† 例えば，内部から外部へ許可して通したパケットに対する応答である証拠を，外部から内部へ向けて返ってきた時に検証する仕組みなど。

行列ができる。例えば，システムで扱うオブジェクトが図 4.2 で示したファイル 1 とファイル 2 の二つしかない場合，**図 4.3** のような行列になる。

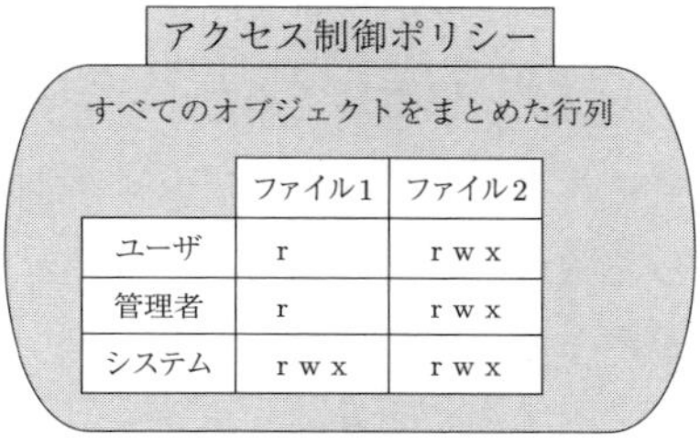

アクセス制御ポリシー

すべてのオブジェクトをまとめた行列

| | ファイル1 | ファイル2 |
|---|---|---|
| ユーザ | r | r w x |
| 管理者 | r | r w x |
| システム | r w x | r w x |

**図 4.3** アクセス制御行列の例

こうしてできる行列を**アクセス制御行列** (access-control matrix) といい，行列の各要素に記すアクセス権限を個別に設定するモデルがアクセス制御行列モデルである。オブジェクトの所有者が設定することにすれば，任意アクセス制御と相性がよい。アクセス制御行列の行を抜き出したものを，**ケイパビリティ** (capability) という。アクセス制御行列としてまとめて管理するのか，アクセス制御リストごとに管理するか，あるいはケイパビリティごとに管理するかは，実装方式の違いである。ほかの実装方式としては，アクセス制御行列に設定されているアクセス権限許可のすべてを「主体の識別情報，許可されるアクセス権限，オブジェクトの識別情報」の形式で列挙した表（認可表）を作成し，管理する方式がある。

- 主体やオブジェクトの識別情報による分類

**ID に基づくアクセス制御：** オブジェクトへのアクセス権限を，主体の ID に応じて設定する。個別設定なので，規則に基づくアクセス制御ではなく，アクセス制御行列に基づくアクセス制御と相性がよい。

**ロールに基づくアクセス制御：** 主体の役割であるロールという概念を定義し，オブジェクトへのアクセス権限をロールに応じて設定する。一つの主体が，一つまたは複数のロールを果たし得る。例えば，病院におけるシステムでは，医師のロールと看護師のロールやインターン生のロールは異なる。それぞれのロールが持つアクセス権限を，利用者が自由に設定することはできない。しかし，インターン生を指導している状況で医師がシステムへアクセスする際には医師もインターン生のロールでアクセスするなど，慎重に定めたポリシーのもとで動的な運用が可能である。ロールを介してしかオブジェクトにアクセス権限を与えないことによって強い制限を確保しつつも，ポリシーを満たす範囲では柔軟な運用ができる。

**属性に基づくアクセス制御：**　オブジェクトへのアクセス権限を，主体の属性とオブジェクトの属性に応じて設定する。属性の基準を統一すれば，外部との相互作用があるアクセス制御で使いやすい。

### 4.1.4 異常対応

アクセス制御の枠組みの中では，たいてい，異常対応を考えない。すなわち，アクセス要求を拒否したら，それ以上その要求に関わる処理をしない。しかし，コンピュータセキュリティ全体としては，状況次第で異常対応を考える。例えば，マルウェアに感染した端末でマルウェアが実際に活動すると，アクセス要求の拒否が異常に増える場合がある。これを不審と判断して警告を出したり，問題のアクセス要求を出した主体に対して何らかの措置を講じたりすれば，マルウェア対策の一助となる。

さらに，アプリケーションセキュリティを考え，視野をサービスにまで広げれば，紛争解決というべき異常対応も珍しくない。例えば，インターネットショッピングでクレジットカードが使われた時に，利用履歴と照合して異常と判断され，クレジットカード会社からカードの所有者へ確認の電話が入る場合がある。所有者が身に覚えのない買物だと主張すると，不正利用と結論づけられ，契約に基づいた異常対応が進められる。インターネットショッピングのWebサイトにおける認証要求は受け入れられても，クレジットカード決済のため口座へのアクセス要求が拒否されたわけである。このようなサービスレベルの異常対応は，必ずしも受益者負担ではない形でオペレーションコストを増やすので，動機付け支援の原則に留意した仕組み作りが重要である。

## 4.2 個　人　認　証

4.1 節では，おもに認証後に焦点を当ててアクセス制御の体系を学んだ。本節では，認証の具体的な技術項目として，個人認証を取り上げる。利用者と直接触れ合う部分なので，安全性と利便性のバランスを問う**ユーザブルセキュリティ** (usable security) が強く意識される。

### 4.2.1 個人認証の基礎

〔1〕 **分　類**　個人認証技術は，さまざまな着眼点で分類できる。万能な方式は発明されておらず，適切なものを使い分けることになる。

**原理による分類：** 認証の拠り所をなにに求めるか，その基本原理による分類である。

- 被認証者[†]の持ち物に基づく方式。例えば，カードを所持していること，端末を所持していること，など。
- 被認証者の記憶に基づく方式。例えば，暗証番号，パスワード，登録した個人的な質問への回答，など。
- 被認証者の身体に備わっており，時と場合にほぼ依存しない特徴に基づく方式。例えば，指紋，顔画像，虹彩（瞳孔の開きを調節する細かな筋肉のパターン），DNA，など。
- 被認証者に本来備わっているかまたは後天的に定着し，時と場合に依存する特徴や能力に基づく方式。例えば，購買パターンなどの社会行動，歩容などの身体的動作，歪んだ文字の読取り，など。

† 認証を要求する主体を，**証明者** (prover) と呼んだり，**認証要求者**あるいは単に**要求者** (claimant) と呼んだりする。ここでは，自ら要求するのではなく自動的に同定される場合も含めて総称するために，**被認証者**と記すことにする。また，判断をするシステム側を，**検証者** (verifier) と呼ぶ。

**要件による分類：** 認証で検証者が求める要件による分類である。

- ある特定の個人であるかどうかを問う個人認証。被認証者が ID を提示して，確かにその ID の人物かどうかを検証者が確認する場合を，**認証** (authentication) という。一方，被認証者が ID を提示せず，被認証者がだれなのかを検証者が識別する場合を，**同定** (identification) という。
- 所定の属性を満たすかどうかを問う属性認証。複数の属性を要件とする場合もあり，また，人間かロボットかを問う場合もある。被認証者が具体的に属性を提示して確かにそれらを満たすかどうかを検証者が確認する場合（認証）と，被認証者が具体的な属性を提示せず認証要求者の属性を検証者が識別する場合（同定）がある。人工物や死体ではなく，あるいは生体から切り離した身体の一部でもなく，確かに生きている生体であることを確かめる技術を，特に**生体検知** (liveness detection) という。

**目的による分類：** 認証結果を何のために利用するのか，検証者あるいは被認証者が目指す目的による分類である。

- セキュリティを目的とした認証。特定の本人にしか提供しないサービスや，特定の属性の者にしか提供しないサービスにおいて，不正な利用を防ぐために必要。
- 機能やサービス向上を目的とした認証。特定の本人や属性適合者にカスタマイズして，提供する機能やサービスを向上させる。自動化によるコスト削減に伴って低下しかねない機能やサービスの質を維持する目的で導入される場合もある。他人になりすまして自分本来の好みに合ったサービスと異なるサービスを受けることは必ずしも利益にならないので，脅威のモデルがセキュリティ目的の場合とは異なる。また，目的の具体的な内容を検証者が設定するとは限らず，被認証者も設定に関与する場合がある。

**結果維持期間による分類：** 認証結果を維持する期間による分類である。

- リソースの利用を開始するための認証。認証に成功した被認証者（認証を要求して受け入れられたり，自動的に正しく同定されたりした被認証者）が，システムの利用や通信のセッションを終了するまでの間その資格を継続保有し，認可された権限でリソースを使用する。リソースには，暗号の秘密鍵が含まれる場合もある。

- 処理要求を承認するための認証。認証に成功したら，検証を実行するきっかけとなった具体的な処理要求が承認され，有効になる。認証結果は，この承認でのみ使われる。

〔**2**〕 **異常対応**　認証要求が拒否された時に，被認証者に再挑戦の機会を与えず終わらせることのできるシステム（そのような不便さが許容されるシステム）は，多くない。たいてい，再挑戦の機会を与える。この再挑戦の機会における認証を，**フォールバック認証**または**バックアップ認証**という。

最も簡単なフォールバック認証は，同じ認証技術で試行を繰り返すことである。しかし，再挑戦の理由が認証の拠り所の消失や一時的に利用できなくなった不運である場合には，拠り所の異なる認証方式でフォールバック認証しなければならない。多様な認証方式から最適な方式を選択して使っているならば，それが機能せず別の方式を使うフォールバック認証で安全性も利便性も維持できることはあまり期待できない。したがって，安全性を維持して利便性を下げる妥協を選ぶ。フォールバック認証の利用を認めること自体は利便性への配慮であるが，フォールバック認証では利便性を下げざるを得ない。

〔**3**〕 **評価指標**　認証方式の評価指標は，定量的なものばかりではない。また，異なる指標の間にはトレードオフの関係が見られる場合も多い。

- 安全性に関する定量的な指標
  - **他人受入率** (**FAR**: false-acceptance rate)：被認証者が本来認証に成功すべき本人や属性適合者でないにも関わらず，受け入れられてしまう確率。低いほど，安全性は高い。
  - **ウルフ攻撃率** (**WAP**: wolf-attack probability)：多くの他人になりすませるユーザが存在する場合があり，それを**ウルフ** (wolf) と呼ぶ[†]。直感に反するかもしれないが，ウルフは存在することが知られている。あるウルフ $w$ に着目し，認証の場合にそれぞれの他人に対してなりすましに成功する確率を算出してそれらの平均値 $P_w$ をとれば，脅威の程度がわかる。この値として最大の値を持つウルフ $\tilde{w}$ の $P_{\tilde{w}}$ を**ウルフ攻撃率**という。低いほど，安全性は高い。

- 利便性に関する定量的な指標
  - **本人拒否率** (**FRR**: false-rejection rate)：被認証者が本来認証に成功すべき本人や属性適合者であるにも関わらず，拒否されてしまう確率。低いほど，利便性は高い。
  - 動作速度：速いほど，利便性は高い。
  - 本人や属性適合者が受け入れられるまでに要する試行回数：少ないほど，利便性は高い。
- 安全性にも利便性にも関わる定量的な評価指標
  - **同定誤り率** (**IER**: identification-error rate)：他人や異なる属性に同定されてしまう確率。低いほど安全性は高く，利便性も高い。
- 安全性にも利便性にも関わる定性的な評価指標
  - 秘密情報を容易に取り出せる形で記録しやすいか？
  - 検証する時に参照する情報を更新しやすいか？
  - 特別な入力装置は必要か？
  - ユーザに管理ポリシーを強制しやすいか？

### 4.2.2　パスワード認証

パスワード認証は総合的な利便性が高いため広く利用されているが，その具体的な実装を守る技術や運用方式が必要である。パスワード認証に対する脅威で場合分けをして，対策を整理しよう。

---

† 生体認証の場合，生まれつきウルフに相当する特徴を持つ人だけでなく，生体情報を模造した人工物でウルフの性質を示すものや，それを用いる攻撃者のことも，**ウルフ**と呼ぶ。後者のような人工物によって多くの被害を発生させる攻撃を，**ウルフ攻撃**という。

**〔1〕 パスワード盗聴**　パスワードを送る経路で攻撃者にパスワードを盗まれてはならない。被認証者と検証者がインターネットでつながっている場合には，パスワードを平文で流せないので，例えばTLSなどで暗号化してから送る。リモートの認証ではなく，ユーザが被認証者で端末が検証者の場合には，他人に画面上のパスワードや入力操作時の手指の動きを盗み見られないよう

- パスワードを画面上に表示しない。
- 画面上のタッチキーボードの配置を，毎回変更する。
- 画面の視野を狭めるフィルタを貼る。

などの対策がある。

**〔2〕 脆弱なパスワード**　推測することが容易なパスワードは，攻撃者に容易に知られてしまう。よく使われるパスワードを頻度順に並べたリストを準備し，つぎつぎと試していく攻撃を，**辞書攻撃** (dictionary attack) という。また，辞書攻撃で準備するリストを**辞書**という。

「他人の誕生日や何らかの記念日の年月日をパスワードにすれば，自分の誕生日をパスワードにするよりも安全だ」と考えるのは甘い。「年月日を使う」という発想自体がよくあるものであり，辞書に反映されるからである。例えば，XXXXを過去100年の西暦年号，YYを01から12までの整数，ZZを01から31までの整数として，XXXXYYZZをすべて試すことは，手作業では困難でも計算機プログラムを使えば簡単である。ほかにも，典型的なキーボードで入力しやすいパターンや，被認証者の母国語の人名や地名，電話番号と同じ桁数の数字など，たいていの工夫は辞書に反映されている。

脆弱なパスワード対策として，登録時にパスワード強度を強制する方法がある。すなわち，辞書攻撃を踏まえてパスワードの強度を判定するツールを準備し，ユーザがアカウント登録やパスワードの更新をする際に，所定の強度以上でなければ登録や更新ができないように設定する。

ただし，記憶困難なパスワードを強制すると，ユーザがパスワードを紙に書いたり暗号化していない電子ファイルに書き込んだりして，パスワード漏洩のきっかけになる可能性も高まる。経験的な工夫に関しては，当該システムのユー

ザの特性と利用環境の特徴を把握し，ユーザ教育もしながら，最適な選択をする必要がある。パスワード更新頻度や，異なるシステムでのパスワードの使い回しに関する規範にも，一般論としてベストなものはない。

ボットによる辞書攻撃に対しては，被認証者がボットでないことを**キャプチャ**(**CAPTCHA**: Completely Automated Public Turing tests to tell Computers and Humans Apart) で確認する，という対策もある。CAPTCHA とは，人間ならばたいてい素早く正答できるが，計算機プログラムには難しいような問題を提示し，その回答が正しいかどうかでボットによる攻撃と人間による攻撃を区別する仕組みである。例えば，歪んだ文字画像を表示して読み取らせたり，複数の粗い画像を表示して問題文で指示した特徴を持つ画像を選ばせたり，画像中の所定の位置に所定のオブジェクトをドラッグ&ドロップさせる方式などがある。攻撃者に手作業をさせ，単位時間あたりに試せるパスワードの個数を制限するのが目的である。ただし，キャプチャの具体的な方式には経験的な安全性ですら脅かされているものも多いので，過信はできない。

**〔3〕 パスワードファイルの流出**　　サーバの管理が甘く，パスワードを検証するための情報を保管しているファイルが流出することがある。そのようなインシデントへの対策として，**ソルティング** (salting) という工夫がある。

単純なソルティングでは，サーバが，局所的な秘密情報として持っている値 $s$ をパスワード $pw$ に連結してからハッシュ関数 $H$ に入力して得られるハッシュ値 $H(pw\|s)$ を，ファイルに保管する。被認証者が $pw$ を送ってきたら，それに $s$ を連結してから $H$ に入力して得られるハッシュ値を，ファイルに保管しているハッシュ値と照合する。一致すれば認証要求を受け入れ，一致しなければ拒否する。局所秘密である $s$ を**ソルト** (salt) という。

なお，ソルティングせず単にパスワードのハッシュ値を計算して $H(pw)$ を保管していたら，そのファイルを入手した攻撃者に辞書攻撃されてしまう。すなわち，攻撃者は，使用頻度の高いパスワードのハッシュ値を順次試すわけだが，それらのハッシュ値をあらかじめ計算して辞書として用意しておくことができる。この辞書を**レインボーテーブル** (rainbow table) といい，このような辞書攻撃を特に**レインボー攻撃** (rainbow attack) という。

ソルトを使えば，たとえファイルがソルトとともに攻撃者の手に渡っても，攻撃者はソルトを盗んでから辞書を作成しなければならない。つぎつぎと別のサーバを攻撃する攻撃者は，サーバごとにソルトが異なればサーバごとに辞書を作成しなければならない。さらに，ユーザごとに異なるソルトを用いれば，サーバが保管すべき秘密情報は増えるが，攻撃者に対してユーザごとに辞書を作成するよう強いることができる。

### 4.2.3 生　体　認　証

人間の身体に備わっており，時と場合にほぼ依存しない特徴に基づく認証方式や，身体的動作の特徴に基づく認証方式を，**生体認証** (biometric authentication または biometrics authentication)，あるいは単に**バイオメトリックス** (biometrics) という。そして，生体認証に用いる特徴（生体特徴）の種類（指紋，静脈パターン，虹彩など）を**モダリティ** (modality) という。生体特徴は，つぎの三つの性質を満たしていれば理想的であるが，実際には理想からの乖離(かいり)がある。人間の生体としての進化や生活の激変がない限り，その根本的な限界は変わらない。

- 普遍性 (universality)：だれもが持っている特徴である。
- 唯一性 (uniqueness)：本人以外は同じ特徴を持たない。
- 永続性 (permanence)：時間の経過とともに変化しない。

**〔1〕 手　順**　　被認証者となるユーザは，あらかじめ，自身の生体特徴をデータにした特徴量を登録しておく。この登録情報を**テンプレート** (template) という。通常は，安定した環境のもとでセンサで生体情報を取得し，認証時の信号処理に合わせた処理を経てからテンプレートにする。単一のモダリティを用いた認証方式の基本的な手順は，つぎのとおりである。

① **データ取得：** 生体特徴を測定するセンサを持つ入力装置で，生体情報を取得する。できるだけ環境に左右されない，安定したデータ取得が可能なセンサ技術を用いることが望ましい。

② **信号処理：** センサで取得した生体情報に信号処理を施して，特徴量のデータとする。こうして被認証者から得たデータを**サンプル**という。

③ **比較照合：** テンプレートとサンプルの類似性の指標を算出する。算出された値を**スコア**という。特徴量がベクトルで表現されている場合の基本的な指標としては，例えば，テンプレート $\boldsymbol{V}_t$ とサンプル $\boldsymbol{V}_s$ の単純類似度

$$\frac{\boldsymbol{V}_t \cdot \boldsymbol{V}_s}{\|\boldsymbol{V}_t\| \, \|\boldsymbol{V}_s\|}$$

がある。モダリティが同じでも，信号処理の方法が異なれば，FAR と FRR をできるだけ抑えるべく類似性の指標に異なる工夫が加えられる。

④ **判　定：** スコアをもとに，認証であれば本人性を判定し，同定であれば本人を同定（あるいは該当なしと判定）する。

〔**2**〕 **多様なモダリティ**　　生体認証で利用されるモダリティには，さまざまなものがある。定量的な評価指標の値を改善するために，それぞれのモダリティに関するセンサ技術や信号処理技術の改善が試みられる。異なるモダリティをそれらの指標だけで比較した優劣関係は，技術革新で変化する。一方で，運用面の定性的な評価指標は，必ずしも優劣ではなく，生体認証技術の進歩だけでは変わり難い各モダリティの適性を表す。おもな定性的評価指標で比べると，また，比較のためパスワード認証も並べて記すと，**表 4.1** のようになる。

**表 4.1**　おもな生体認証のモダリティとパスワード認証の特徴

| 評価指標 | 指紋 | 掌の静脈 | 顔画像 | 声紋 | 手書署名 | 虹彩 | 歩容 | パスワード |
|---|---|---|---|---|---|---|---|---|
| 本人による記録 | 容易 | 困難 | 容易 | 容易 | 容易 | 困難 | 容易 | 特に容易 |
| 更新しやすさ | やや困難 | 困難 | 困難 | 困難 | やや容易 | 困難 | 困難 | 容易 |
| 入力装置 | 近接（やや特別） | 近接（特別） | 近接も遠方も | やや近接 | 近接（特別） | 近接（特別） | 遠方 | 近接 |
| 管理ポリシー強制 | 困難 | 容易 | 困難 | 困難 | 困難 | 容易 | 困難 | やや困難 |

ユーザ本人が秘密情報を容易に取り出せる形で記録しやすければ，他人にも取得されやすい。例えば，物を触っただけでそこに残る指紋は，落としたり盗

まれたりして他人の手に渡る紙に書いたパスワードと比べ，モデル次第ではむしろ攻撃者に取得されやすい。指紋を残さないように生活したり，顔や歩き方を人に見せず，あるいは，声を人に聞かれずに生活することは，きわめて難しい。そのような生活を強制することも，きわめて難しい。

検証者が照合するテンプレートを更新しやすいモダリティは，テンプレートファイルが流出した場合などに，更新して対応しやすい。指紋のように複数あるものは，ある指が駄目になれば別の指，という運用もあり得る。ただし，認証に用いる情報をある程度更新できるというだけであって，本人の生体特徴を変えられるわけではないので，限界がある。よって，テンプレートファイルの流出は，取り返しのつかない事態を招きかねない。生体認証では，テンプレートファイルの秘匿性を確保する実装技術（テンプレート保護技術）が必要である。

指紋や掌の静脈パターン，あるいは虹彩を読み取るセンサと比べれば，キーボードやタッチパネル，デジタルカメラやビデオカメラは一般的な普及品である。生体認証の技術的進歩が必ずしも主因ではない製品動向の変化次第で，普及品の仲間入りをするセンサが増える可能性はある。しかし，急速に普及するかどうかは

- 生体特徴を日常的にシステムに提供する心理的抵抗感
- 特徴量やそれと紐付ける情報の保管に関する規制

など社会的要素の影響を大きく受ける。

指紋や顔，声，歩き方を伏せて暮らすのは難しい。手書き署名の機会も，少なくない。ただし，「信頼できる認証装置以外のセンサに，むやみに掌の静脈や虹彩をさらさない」という管理ポリシーは，使う機会が限られていれば，守りやすい。パスワード管理は多くの組織の新人教育で教えられるなどしており，管理ポリシーを設けることのハードルは低い。これらの特徴も，社会的要素の影響を大きく受ける。

〔**3**〕 **精度と安全性**　　サンプルを本人のテンプレートと比較照合する試行を何度も行った時に得られるスコア $s$ の頻度分布を，**本人分布** (genuine distribution) という。同じく，他人のテンプレートと比較照合して得られる頻度分

布を，**他人分布** (impostor distribution) という。

試行を十分繰り返し，離散的な頻度分布ではなく連続的な確率密度関数として本人分布 $g(s)$ と他人分布 $f(s)$ を描けたとする。スコアが取り得る範囲を $[0, S_{\max}]$ とすれば

$$\int_0^{S_{\max}} f(s)ds = \int_0^{S_{\max}} g(s)ds = 1$$

である。用いているモダリティがほぼ理想的ならば，本人分布はスコアの最大値 $S_{\max}$ 付近に鋭いピークを持ち，他人分布は最小値 0 付近に鋭いピークを持つ。実際には必ずしも理想通りにならないが，定性的には**図 4.4** のように本人分布と他人分布に明確な差が出る。

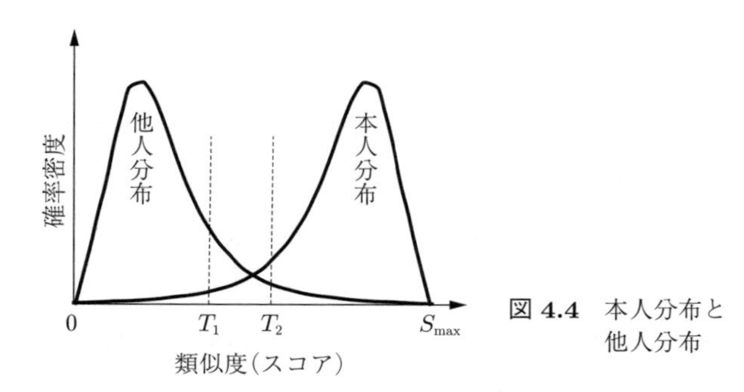


**図 4.4**　本人分布と他人分布

「スコアが閾（しきい）値 $T$ 以上ならば認証要求を受け入れる」という判定をする場合，本人拒否率 FRR は次式で与えられる。

$$\mathrm{FRR} = \int_0^T g(s)ds \tag{4.1}$$

これは，$T$ に関して単調増加である。同じく，他人受入率 FAR は

$$\mathrm{FAR} = \int_T^{S_{\max}} f(s)ds \tag{4.2}$$

となり，$T$ に関して単調減少である。よって，同じ技術（同じ本人分布と他人分布）において判定の閾値を変える時，FRR と FAR にはトレードオフの関係がある。**図 4.5** のように横軸に FRR，縦軸に FAR をとってこのトレードオフ

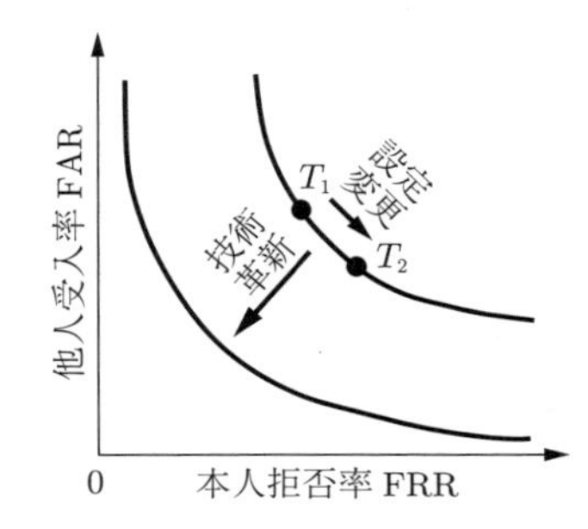


図 4.5　受信者動作特性 (ROC) 曲線

を表現した曲線を，**受信者動作特性** (**ROC**: receiver operating characteristic) **曲線**という†。本人分布も他人分布も ROC 曲線も，一般にはユーザによって異なる。

図 4.4 において，閾値を $T_1$ から $T_2$ へ高めたとする。すると，FRR は大きくなり，FAR は小さくなる。この変化は，図 4.5 において同じ ROC 曲線上でより右下の点を選択する，という設定変更に相当する。技術革新により，本人分布と他人分布が理想に近づけば，トレードオフ自体が改善され，ROC 曲線が原点に近づく。

なお，式 (4.2) を攻撃に対する安全性の評価指標とするためには，他人分布が攻撃モデルと首尾一貫した試行で得られたものでなければならない。例えば，指紋認証において，攻撃者が攻撃対象のユーザ本人の指紋画像を入手できるという攻撃モデルを立てるべきシステムを考えよう。この時，攻撃者が単に自分の指紋をセンサに提示する認証要求は，攻撃モデルと首尾一貫していない。このような認証要求に対するスコアから他人分布を作成した場合，式 (4.2) は安全性の評価指標ではなく精度の評価指標となる。

単に攻撃者自身の生体特徴をそのまま提示する攻撃モデルを，人間由来の生体特徴のみによる従順な攻撃という。一般的には，人工物を用いた攻撃も考え

† 横軸に FAR，縦軸に FRR をとって ROC 曲線を描く場合や，FRR の代わりに $1-\text{FRR}$ すなわち本人を正しく本人として受け入れる確率を用いて（本人に関しても他人に関しても受入率を表示して）ROC 曲線を描く場合もある。いずれも，表現する特性の本質的な意味は同じである。ROC 曲線という呼び名は，通信工学でレーダ信号から敵機を判別する際の理論に登場する用語に由来する。

て，細かく攻撃モデルを分類できる。

- **人間のみ (human) による攻撃**
  - 攻撃者が自身の生体特徴を（攻撃対象に似せる努力をせず，システムが想定する提示方法通りに）そのまま提示する「**従順な (conformant)**」**攻撃**。**ゼロエフォート (zero-effort) 攻撃**ともいう。
  - 攻撃対象の本人が，自身の生体特徴を無意識のうちに入力させられたり，攻撃者に強制されて入力させられたりする「**仕向けられた (coerced)**」**攻撃**。
  - 攻撃者が，自身の生体特徴を，攻撃対象に似せる努力をしたり，システムが想定しない提示方法で（例えば，極端な顔の表情をしたり，指の側面を指紋センサにあてたりして）認証要求を受け入れさせようとしたりする「**従順でない (non-conformant)**」**攻撃**。
  - 攻撃者が自身の生体特徴を手術などによって入れ替えて認証要求を出す「**変更された (altered)**」**生体特徴による攻撃**。
  - 攻撃者が，死体の一部や切断した指や手を使うなど，人間の生体特徴ではあるが「**生きていないものを用いる (lifeless)**」**攻撃**。
- **人工物を用いた (artificial) 攻撃**
  - 攻撃者が，自身の生体特徴を備える身体的箇所に人工物を「**部分的に付ける (partial)**」**攻撃**。例えば，指に接着剤をつけたり，顔にサングラスをかけたり，パターンが印刷されたコンタクトレンズを装着したりする攻撃がある。
  - **完全に (complete)** 人工物であるサンプルを提示する攻撃。例えば，グミ指や，撮影された顔画像を用いる攻撃がある。

### 4.2.4 多要素認証とユーザブルセキュリティ

多様な認証技術から適切なものを選んで使い分けるだけでは要件を満たせず，複数の個人認証技術を組み合わせる場合がある。そのような認証を**多要素認証** (multi-factor authentication) といい，組み合わされる個々の認証技術を**認証要素**という。また，組み合わせることを**統合** (fusion) という。特に，複数のモダリティを用いる生体認証を，**マルチモーダル生体認証** (multi-modal biometrics) という。認証要求の受け入れ条件としてすべての認証要素での受け入れを求めれば，攻撃者が攻撃に成功するためにはすべての認証要素で成功しなければならないので，攻撃に要するコストを高めることが期待できる。しかし，本人拒否率が上がるなどして，利便性が下がる。ユーザブルセキュリティの問題である。ここでは，両極端な場合に焦点を当てて，考察を深めよう。

〔1〕 **利便性を重視する場合の多要素認証**　施設への入退管理で，守衛が顔を見て入構の可否を判定する仕組みを「**顔パス**」などという。顔を露出して通行することが普通である社会ならば，持ち物や記憶，操作の観点で「認証のための負担」をユーザが負わない利便性の高い仕組みである。

同様に利便性の高い仕組みを情報セキュリティ技術の中で考える場合，ごく一部の応用に限定すれば例外もあるが，一般には安全性が不十分となる。多要素認証にして安全性向上を図るとしても，利便性の低い認証要素を一つでも含めば，本来の目的を果たせない。よって，利便性重視の認証要素ばかりを組み合わせることになるが，さまざまな観点での利便性を下げずに安全性を高める最適な統合方法を見いだすのは容易ではない。

多要素認証では，各認証要素を単独で用いた判定結果を単純に論理式で統合しても，FAR と FRR の両方を大きく改善することは難しい。例えば，各認証要素の判定が独立な二要素認証において，第一の認証要素の FAR を $A_1$，FRR を $R_1$ とし，第二の認証要素の FAR を $A_2$，FRR を $R_2$ とすると，以下のようなトレードオフがある。

**判定結果の一方でも「受入」ならば受け入れる場合：** 多要素認証としての FAR を $A$ とすると

$$A = A_1(1 - A_2) + A_2(1 - A_1) + A_1A_2$$
$$= A_1(1 - A_2) + A_2 \geqq A_2$$

であり，同様に $A \geqq A_1$ でもあるので，FAR はけっして改善されない。よって，多要素認証にして安全性向上を図ったその目的に合わない。

**判定結果の両方が「受入」ならば受け入れる場合：** 多要素認証としての FRR を $R$ とすると

$$R = R_1(1 - R_2) + R_2(1 - R_1) + R_1R_2$$
$$= R_1(1 - R_2) + R_2 \geqq R_2$$

であり，同様に $R \geqq R_1$ でもあるので，FRR はけっして改善されない。FRR が上昇してフォールバック認証を起動する機会が増えると，フォールバック認証に対応する負担をユーザに負わせることになり，利便性重視の方針に合わない。フォールバック認証しないならば上昇した FRR に甘んじることになり，やはり利便性重視の方針に合わない。

限界を打破するため，三つ以上の認証要素を単純に統合するのではなく，複雑な仕組みで統合することを考えたとしよう。この場合，「認証のための負担」をユーザが負わないよう配慮して各認証要素が起動されるタイミングを制御することが，非常に難しい。

〔**2**〕 **安全性を重視する場合の多要素認証**　安全性重視の認証技術が求められる応用において，記憶に基づく認証方式や持ち物に基づく認証方式のヒューマンエラーの問題（忘却や紛失など）を問題視しつつもハードウェアのコストは許容し，センサの必要な生体認証を検討することになったとしよう。ただし，ゼロエフォート攻撃より強い攻撃モデルを考え，一つのモダリティだけでは安全性要件が満たせないとする。この場合，マルチモーダル生体認証への期待が高まる。マルチモーダル生体認証では，一つのモダリティだけの場合と比べて，特徴的な検討項目がある。

**検討項目 ① 統合レベルの選択：** 複数のモダリティを統合する方法として，結果レベルの統合，スコアレベルの統合，特徴量レベルの統合がある。

**結果レベルの統合** (decision-level fusion) では，それぞれのモダリティでの判定結果を集め，それらの論理式（例えば多数決）で総合判定を決める。短所としては，すでに二要素認証の例で学んだように，安全性重視の統合ではFRRの上昇が問題になりやすい。利便性をどこまで犠牲にできるのか，よく検討しなければならない。長所としては，すでに各モダリティの認証モジュールが実装されていれば，マルチモーダル化のコストが小さくて済む。また，フォールバック認証を起動する判断も，モダリティごとに独立して行うことができる。ただし，フォールバック認証を起動するモダリティと起動しないモダリティがあると，その認証要求が攻撃であった場合には，攻撃者に対して「どのモダリティに対する攻撃が上手くいっているか」を知らせてしまうことになる。

**スコアレベルの統合** (score-level fusion) では，各モダリティのスコアをそれぞれ座標軸とした多次元のスコア空間を考え，柔軟な判定が可能となる。サンプルを本人のテンプレートと比較照合する試行を行い，各モダリティのスコアで定まるスコア空間内に点をプロットする。試行を何度も行いプロットを繰り返して得られるスコア空間内の点の集合を，**本人スコア分布**と呼ぶ。同じく，他人のテンプレートと比較照合する試行で他人スコア分布を作成する。それらのクラスタリング状況を見て，実際の認証要求から得られたスコアの本人性を判定する識別境界面を設定する。二つのモダリティを使い線形な識別境界面を設定した例を**図 4.6** に示す。識別境界面は，非線形な面を考

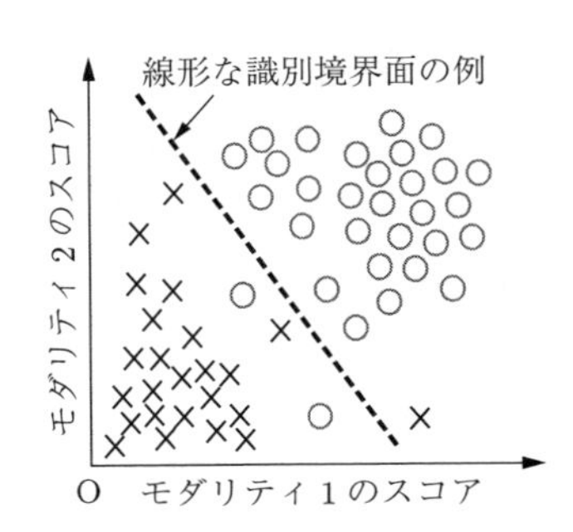


**図 4.6**　本人スコア分布 (○) と他人スコア分布 (×) の例

える場合もある。識別境界面で十分な精度が出ない時には，ほかのパターン認識技術や機械学習による分類器で判定する手法もあり得るが，スコア分布が望ましくない分布ならば根本的にモダリティを考え直すか特徴量レベルの統合を試みる必要がある。認証要求を拒否する判定が出て，フォールバック認証を認める運用方針である場合には，フォールバック認証をスコアの低いモダリティでのみ起動するかすべてのモダリティで起動するかを，決めなければならない。ただし，フォールバック認証を起動するモダリティと起動しないモダリティがあると，結果レベルの統合と同様に，攻撃者に対する情報提供のリスクがある。

**特徴量レベルの統合** (feature-level fusion) では，各モダリティの特徴量をそれぞれ座標軸とした多次元の特徴量空間†を考え，本人特徴量分布と他人特徴量分布を作成する。そして，識別境界面を設定するか，あるいはほかのパターン認識技術や機械学習による分類器で判定する。認証要求を拒否する判定が出て，フォールバック認証を認める運用方針である場合には，原則としてすべてのモダリティでフォールバック認証を起動する。

結局，どのレベルで統合しても一長一短であり，アプリケーションの要件に応じて使い分けることになる。

**検討項目 ② フォールバック認証と拒否のタイミング：** フォールバック認証を起動した時，前回までのスコアや特徴量も参照して認証要求者に最も有利なものを採用するのか，あくまでも現在の試行でのスコアや特徴量だけで判定するのか，検討する必要がある。また，フォールバック認証を経ても認証要求を受け入れられず拒否する場合，何度目の再挑戦で拒否するのかを検討しなければならない。スコアの経緯などに依存して適応的に判断するならば，マルチモーダル化していない場合と比べ，経緯のバリエーションが多い。

**検討項目 ③ 適応的なモダリティ使用：** マルチモーダル化すると，認証要求を

† マルチモーダル化していない場合でも，一つのモダリティから複数種類の特徴量を抽出し，スコアではなく特徴量空間を考えて判定する手法がある。

出す手間が増え検証時間も延びる。ユーザ次第で，あるいは，当日の生体特徴の状況（例えば皮膚の乾燥具合）次第で本人分布が大きく変わる場合

- いくつか選んだモダリティだけで認証要求の受入に十分な結果が出れば，残りのモダリティは使わない。
- 十分な結果が出なければ，段階的にモダリティを増やす。

という運用で，受入に要する平均時間を短縮できることがある。ただし，このような運用と相性が悪い統合方法もあるので，注意が必要である。また，認証要求時にユーザ自身がモダリティを選ぶならば，得意なモダリティを選択した攻撃者が有利にならないか注意が必要である。

同定の場合には，モダリティが多いために呼び出すテンプレートが膨大な数になると，動作速度が特に問題になる。

- いくつかのモダリティだけで同定を実行して ID の見当を付け，その ID に対し，残りのモダリティも総動員して認証する。

という運用もあり得るが，やはり，統合方法との相性や攻撃者を有利にする可能性に注意が必要である。

**検討項目 ④ テンプレート保護：** テンプレート保護技術では，パスワード認証におけるソルティングと同様に，テンプレートをそのまま保管するのを避ける工夫が施される。よって，マルチモーダル化しても同じ技術が使えるかどうか，検討する必要がある。特に，特徴量レベルの統合では要注意である。単にテンプレートを暗号化保存して検証時に復号するだけの対策ならばそのまま使えるが，検証プロセスと融合したテンプレート保護技術の場合には，そのままマルチモーダル化できるかどうかは必ずしも自明ではない。

## 4.3 マ ル ウ ェ ア

悪意のある行為をするソフトウェア全般を指す**マルウェア** (**malware**: malicious software) は多様である。分類も定義も明確に定まってはいないが，例

えば以下の7種類[†]を見るだけでも，計算機システムのさまざまな部分に脆弱性を見いだしてマルウェアが作成されていることがわかる。

**コンピュータウイルス** (computer virus)**：** 本来はマルウェアではないプログラムに対して，悪意ある機能を追加するマルウェア。悪意ある機能の追加を感染という。ウイルス単独ではその悪意ある機能を発揮する動作ができず，感染したプログラムが起動しなければ悪意ある機能による被害は出ない。

**ワーム** (worm)**：** 感染先のファイルを必要とせず，単独で悪意ある機能を発揮して動作するマルウェア。

**トロイの木馬** (Trojan horse)**：** ユーザにとって有益そうに見えて計算機にインストールされ，あるいは，ユーザが知らぬうちに計算機にインストールされて計算機に潜み，ほかのマルウェアを勝手にインストールする機能を持つマルウェア。広義には，勝手にほかのマルウェアをインストールする機能に限らず，潜んだ状態でさまざまな脅威につながる行為（例えば，悪用されかねない計算機内部の情報を勝手に外部へ送信する行為）をする機能を持つマルウェア。

**スパイウェア** (spyware)**：** 計算機への入力（ネットワークへのインタフェースからの通信，外部デバイスとのインタフェースを通るデータ，キーボード入力，ポインティングデバイスのクリックなど）を監視し，情報を盗んで外部へ転送するマルウェア。

**アドウェア** (adware)**：** ユーザが意図していないか，もしくは想定していない広告画面を勝手に表示するマルウェア。単に迷惑なだけの広告もあれば，詐欺行為などの悪意ある行為を目的としたWebサイトへ誘導する広告もある。

---

† これら7種類に分類できる，というわけではない。例えば，ウイルスとして感染してトロイの木馬機能を実現するマルウェアもあれば，単独でトロイの木馬機能を発揮するワームもある。

**ルートキット** (rootkit)： 計算機のオペレーティングシステム (OS) の本体であるカーネルに感染して，プロセス，ハードディスク，メモリなどの情報を不正に操作する機能を持つマルウェア。例えば，ユーザや管理者がプロセスリストを表示してもスパイウェアの感染や活動が表示されぬようにして隠蔽するなど，実害をもたらすほかのマルウェアを補助する役割もある。

**ランサムウェア** (ransomware)： 攻撃対象の計算機をロックするなどして深刻な動作異常を起こさせたり，計算機に保存されているファイルを暗号化したりすることによって可用性を奪い，元に戻すことと引き換えに身代金 (ransom) を要求するマルウェア。

これらのマルウェアは，なぜ作成できるのだろうか。最大の理由は，ソフトウェアを開発する過程や実行環境，あるいは利用環境において，アドレス確認とルーチン化の徹底が難しいことである。不徹底にマルウェア作成者につけ込まれる例として，**バッファオーバーフロー** (buffer overflow) を利用したマルウェアの仕組みを取り上げてみよう。

バッファとは，計算機において，データを一時的に保存するために用意された動作の高速な記憶領域である。典型的な仕組みとして，「書き込みたいデータ」と「領域内のどの位置を先頭としてそのデータを書き込みたいかを示すアドレス」の二つの情報によって記憶領域への書込み要求を出す仕組みを考える。そして，記憶領域を無駄なく利用するために，プログラムが必要な領域のサイズを指定してバッファを確保する宣言をしてから書込みを要求するという手順になっているとする。この時，書込み開始位置からバッファの最後尾までのサイズを超えるデータの書込みを要求されると，サイズ超過部分に溢れたデータが，以降の動作に影響を与える記憶領域（例えば，現在のサブルーチンの実行後に復帰するプログラムを指し示すポインタであるアドレスを記述した領域や，異常終了時の動作に影響を与える情報を記述した領域）に書き込まれる場合がある。こうしてセキュリティ上問題のある動作につながってしまうことが，バッファオーバーフローの原理である。対策として，詳細なアドレス管理を行い領域確保の内容や意図に矛盾する行為を監視するルーチンを考えると，計算機の **CPU** (central processing unit：**中央処理装置**) にかかる負担が大きいので，監視の厳格化には限界がある。バッファとして利用できる記憶領域の限度も，対策の徹底を困難にする。

バッファオーバーフロー以外の原理を悪用したマルウェアも，計算機やその利用環境の基本的な仕組みに関わるものが多く，根絶するのは難しい†。記憶領域の細かな単位まで指定して柔軟にプログラミングできることは，ソフトウェア開発の自由度を高め，計算機の汎用性を活用する上でメリットが大きい。しかし，自由度の高さは情報セキュリティのベストプラクティスと両立し難く，マルウェア作成者に付け入る隙を与えてしまうのである。汎用計算機の宿命ともいえよう。

そこで，マルウェア対策は，つねに新種のマルウェアが登場するという前提で，さまざまな努力を積み重ねて総合的に防御を継続する「実務の枠組み」になっている。以下では，代表的な努力を列挙する。

〔1〕 **解析手法の改善と関連する保守管理**　マルウェアを解析する手法は，三つに大別される。いずれも，解析を支えるデータや環境，検体（解析対象のマルウェア，あるいは，マルウェアかもしれないソフトウェア）をつねに適切に保守管理して取り組む努力が必要である。

**表層解析：** ファイルのハッシュ値をもとに既知のマルウェアかどうかを判定したり，ファイルタイプや特徴的なバイト列などファイルの表面的な部分を確認する解析手法。マルウェアの特徴的なパターンを**シグネチャ**と呼び，既知のマルウェアのシグネチャと完全に一致するシグネチャを持つ検体は，容易に検出できる。セキュリティソフトウェアの持つマル

† 個別のマルウェアを詳細に記すとその内容が陳腐化するのも早くなりがちであるが，比較的体系的に書かれた文献[3]では，感染の仕組みや関連するネットワーク技術とともに，マルウェアに関する理解を深めることができる。

ウェア検出機能の多くは，表層解析である。動的解析や静的解析に比べると効果は限定的であるが，解析に要する時間は短い。また，マルウェアでないものを誤ってマルウェアと判定する確率は，非常に低い。

**動的解析** (dynamic analysis)**：** 解析用の計算機環境で検体を実際に動作させて振舞いを調べる解析手法。**サンドボックス** (sandbox) と呼ばれる仮想空間で実行させるので，**サンドボックス解析**とも呼ばれる。検体が通信する宛先に関連する情報やレジストリの変更，ファイルシステムの変更なども観察できる。具体的なコードを見ずに解析するので，**ブラックボックス解析**とも呼ばれる。怪しい振舞いかどうかを確認するブラックリストの考え方と，正常な振舞いかどうかを確認するホワイトリストの考え方を併用しやすい。

**静的解析** (static analysis)**：** 逆アセンブラやデバッガなどのプログラム解析ツールを使用し，検体のコードを分析する解析手法。動的解析をしても，その環境では実行されなかったけれども検体が秘めている機能が存在する可能性を否定できない。静的解析では，動的解析で実行されなかったかもしれないコードの分析や潜在的な機能なども調べる。エンジニアには高度な技術と最新の知識が要求され，解析に要する時間も長い。具体的なコードを見て解析するので，**ホワイトボックス解析**とも呼ばれる。

**〔2〕 ソフトウェアの脆弱性排除と診断**　ソースコードを検査したり，開発環境の制約（例えば使用するライブラリ）を改善して，出荷前に脆弱性を排除する努力をする。また，出荷後に不具合が見つかると，修正するプログラム（パッチ）が提供される。提供者は，パッチ自体のもたらす脆弱性がないか診断する努力をする。パッチを適用する計算機管理者は，使用中のソフトウェアの動作にパッチが不具合を起こさないかどうか注意する努力をする。

**〔3〕 管理者の基本的なツール**　ドメインの管理者は，ネットワーク層のファイアウォールや，アプリケーションサーバごとのファイアウォールを用いて，マルウェアを運ぶ攻撃を遮断する努力をする。また，各層でのログ（動作

記録）を十分な期間保存して，マルウェア感染が発覚した場合に適切な対応ができるよう努力する。

〔4〕 **ユーザの基本的なツール**　ユーザは，セキュリティソフトウェアで表層解析をするに際して，計算機内やクラウド環境でのそのソフトウェアの設定を最新のものに保つ努力をする。さらに，セキュリティソフトウェアが計算機の異常動作を監視する機能も利用する。また，Web ブラウザや電子メールソフトウェアなどが脅威の可能性を検知して警告を出した時に，慎重に判断してマルウェア感染を防ぐ努力をする。そして，日常的に，データや環境のバックアップをとる。

〔5〕 **ハニーポット**　マルウェアに攻撃されると感染して乗っ取られたまま使い続けているかのように振舞う計算機を，囮（おとり）としてネットワークに設置することがある。この計算機を**ハニーポット** (honeypot) といい，踏み台になってほかの計算機に攻撃をしかけることのないよう，慎重に運用される。サイバーセキュリティを担う業界が，ハニーポットを利用して，マルウェアの検体を入手したり，攻撃者をおびき寄せて重要なシステムから攻撃をそらしたり，記録されたログなどからマルウェアや関連する攻撃の手法と傾向を調査したりする。こうして，最新の攻撃動向を把握して対策に素早く反映する努力をする。

## 演 習 問 題

〔**4.1**〕 以下のそれぞれの認証場面について，認可とは区別して，併用されている認証の原理を具体的に指摘せよ。さまざまな可能性があるならば，それらのバリエーションにも触れよ。

(a) 国際空港における入国審査
(b) 入学試験の試験場での本人確認
(c) インターネットショッピングにおけるクレジットカードの使用
(d) パーソナルコンピュータの起動

〔**4.2**〕 ウルフとは逆に，多くの他人になりすまされる（他人に ID を語られて，その他人が認証に成功する）ユーザが存在する場合があり，それを**ラム** (lamb) と呼ぶ。ウ

ルフ攻撃率に倣って，認証システムにおけるラムの脅威に関連する評価指標を考えよ。

また，有料の会員制サービスにおける認証システムに対して，強力なウルフまたはラムとして機能する人工物を入手した攻撃者が行う攻撃の例を指摘せよ。ただし，攻撃者はこの人工物を闇市場で入手しただけであって自分では複製できず，また，この人工物は耐久性が悪く，数回使用すると使えなくなるものとする。

〔**4.3**〕 登録ユーザ数がきわめて多い大規模なシステムのサーバが，ユーザのパスワードをソルティングしてファイル F に保管している。F は，各行が「ユーザ ID，パスワードにソルトを連結してから計算したハッシュ値」であるリストになっている。また，ユーザごとに異なるソルトを使わず，共通のソルトを用いているとする。この時，F とソルトを盗んだ攻撃者が，F の行を並べ替えてから辞書攻撃を実施したら攻撃の効率が向上した。並べ替えの方法を指摘せよ。

〔**4.4**〕 いずれも本人拒否率が 10% で他人受入率が 20% の三つの異なる認証要素がある。これらへの認証要求に対する可否判定は，すべて独立事象だとする。これらの三つの認証要素を結果レベル統合した多要素認証方式について，判定方法を三種類考え，本人拒否率と他人受入率を比較して考察せよ。

〔**4.5**〕 日常的にデータや環境のバックアップをとることがマルウェア対策として発揮する効果を，考察せよ。また，家庭ではなく組織で業務に用いている計算機の場合に，事業継続性の観点で効果をより高めるための方策を一つ示せ。

〔**4.6**〕 内部不正者の脅威 (insider threat) が無視できない場合，つぎのそれぞれの課題にどのような影響があるか，簡潔に考察せよ。

(a)　生体認証のテンプレート保護

(b)　ランサムウェア

# 5章 応用例と社会

◆本章のテーマ

情報セキュリティ技術は，たいてい，守るべき対象が先にあり，情報セキュリティの基本要素に関する品質管理を徹底するために使われる。ただし，社会的インパクトの大きなシステムが新たに出現し，その発明や技術革新の核心部分が情報セキュリティ技術である，という応用例もある。本章の目的は，社会的インパクトの大きなプライバシーやトラストを扱う応用例を学び，アプリケーションに固有の信頼関係を守る意味を理解し，社会全体で認識すべき課題に目を向けることにある。

◆本章の構成（キーワード）

5.1　匿名通信システム
　　オニオンルーティング，シビル攻撃，サイドチャネル攻撃，プライバシー
5.2　分散台帳
　　ブロックチェーン，トラスト基盤，**Proof-of-Work**，仮想通貨，スマート契約
5.3　情報セキュリティと社会
　　情報セキュリティ経済学，最適投資，セキュリティ・バイ・デザイン

◆本章を学ぶと以下の内容をマスターできます

☞ プライバシー保護の難しさ
☞ 自律分散システムによるトラスト
☞ 情報セキュリティに関するインセンティブ
☞ 脅威と脆弱性の区別
☞ 情報セキュリティに関して社会全体で認識すべき課題

## 5.1 匿名通信システム

ICT システム利用者のプライバシーを守る上では，個人情報を秘匿するためのデータ暗号化だけでなく，アドレスの暗号化も強力なツールとなる。実用的な匿名通信システムでは，アドレスを暗号化するツールが，その運用基盤とともに提供される。

### 5.1.1 匿名通信の基本概念

匿名性に関する達成度は，基本的には，三つに分類される。

**受信者匿名性** (recipient anonymity)：メッセージ $m$ が特定の受信者を持たない時には，受信者匿名性を考える必要はない。特定の受信者 R に宛てて送られる時には，「$m$ の受信者が R であること」を第三者に対して秘匿できるかどうかが問われる。これを**受信者匿名性**という。受信者匿名性を送信者のみが希望する場合もあれば受信者のみが希望する場合もあり，さらに，両者が希望する場合もあり得る。受信者匿名性が成り立たないということは，攻撃者側が順探知可能ということである。

**送信者匿名性** (sender anonymity)：メッセージ $m$ の送信者が S である時，「$m$ の送信者が S であること」を秘匿できるかどうかを，**送信者匿名性**という。送信者でも受信者でもない第三者に対して秘匿したい場合と，受信者に対しても第三者に対しても秘匿したい場合がある。また，送信者匿名性を送信者のみが希望する場合もあれば受信者のみが希望する場合もあり，さらに，両者が希望する場合もあり得る。送信者匿名性が成り立たないということは，攻撃者側が逆探知可能ということである。

**送受信者リンクの匿名性** (unlinkability of sender and recipient)：送信者 S が受信者 R にメッセージ $m$ を送る時，$m$ について「S が R に送信したメッセージであること」を第三者に対して秘匿できるかどうかを，**送受信者リンクの匿名性**という。送受信者リンクの匿名性を送信者のみが希望する場合もあれば受信者のみが希望する場合もあり，さらに，両者が希望する場合もあり得る。送受信者リンクの匿名性が成り立たないということは，攻撃者側が順探知も逆探知も可能だということである。

### 5.1.2 オニオンルーティング

ここでは，アドレスを多重に暗号化して送受信者リンクの匿名性確保を目指すシステムとして，**オニオンルーティング** (onion routing)† を利用したシステムを取り上げる。ここでは，具体的な実装として知られている **Tor** (the onion routing) を素材として，運用基盤を一部簡略化したシステムを記述する。以降では，この簡略版と実際のシステムを区別せず，Tor と表記する。

**〔1〕 準 備** Tor の基本プロトコルを支える基盤は，多数の有志に提供され匿名性確保に協力するノード（Tor ノード）とそれらの情報を管理するディレクトリサーバで構成される。ディレクトリサーバは，各 Tor ノードの利用可能性や通信帯域幅といった情報を監視し，それらの状態リストを定期的に作成する。このリストを**コンセンサスファイル**という。

Tor において，利用者が使うクライアントソフトウェア（Tor クライアント）は，三つの Tor ノードを経由して所望のサーバへアクセスする。経由する Tor ノードを，**中継者** (Tor relay あるいは単に relay) という。最初に経由する Tor ノードを**入口番人** (entry guard) という。入口番人となる Tor ノードには，高速で安定した通信環境が求められる。適合する Tor ノードには，コンセンサスファイルにおいて，**番人フラグ** (guard flag) が与えられる。つぎに経由する Tor ノードは，**中間中継者** (middle relay) といい，どの Tor ノードでもなることができる。最後に経由する Tor ノードは，**出口中継者** (exit relay) という。出口中継者は，アクセス先のサーバと直接通信するので，ほかの二つの中継者とは区別され，所定の条件を満たす Tor ノードにはコンセンサスファイルにおいて

† 多重に暗号化されたものを順次復号する過程が玉葱（ねぎ）の皮むきに似ていることが，名前の由来である。

**出口フラグ** (exit flag) が与えられる。また，利用可能なポート次第では Tor クライアントのニーズに合わない場合もあるので，コンセンサスファイルで，利用可能なポートの情報も把握できるようにする。さらに，各中継者に秘密鍵と公開鍵を割り当て，公開鍵証明書を発行する。

利用者は，Tor クライアント機能を持つ専用の Web ブラウザ (Tor ブラウザ) をダウンロードする。Tor ブラウザは，フリーソフトウェアであり，中継者の公開鍵証明書を検証するための認証局の公開鍵が組み込まれている。Tor ブラウザは，まず，ディレクトリサーバからコンセンサスファイルを読み込む。すると，入口番人として自身が利用する Tor ノードの候補リスト（番人リスト）が作成される。番人リストは，一定間隔（例えば 60 日，あるいは 90 日）で更新される。この仕組みを**番人ローテーション** (guard rotation) と呼ぶ。

〔**2**〕 **鍵共有**　あるサーバへ新たに Tor でアクセスするコネクションを確立する際，Tor クライアントは，まず三つの中継者を選ぶ。具体的には，コンセンサスファイルと番人リストをもとに，入口番人，中間中継者，出口中継者を選択する。以下では，Tor クライアント，入口番人，中間中継者，出口中継者のアドレスを，それぞれ C，G，M，X とする。

選択を終えたら，Tor クライアントは入口番人との間でサーバ認証付き Diffie-Hellman 鍵共有[†]を実行し，入口番人とセッション鍵 $k_1$ を共有する。Tor クライアントは Tor ブラウザを使っているので，入口番人の公開鍵証明書を検証でき，サーバ認証が可能である。なお，クライアント認証は行わず，パケットの中で Diffie-Hellman 公開値などを運ぶデータ部分すなわち**鍵共有ペイロード** (key-agreement payload) でクライアントの ID 関連情報が運ばれないプロトコルを用いる。この第一の鍵共有プロトコル通信では，アドレスは暗号化されない。よって，そのトラヒックを観測した第三者は，アドレス C のノードと G のノードが鍵共有している事実を知ることができる。

つぎに，Tor クライアントは，入口番人を経由して中間中継者との間でサーバ

† 本書では，サーバ認証のみの Diffie-Hellman 鍵共有を明示的には学んでいない。Diffie-Hellman 鍵共有を用いた TLS ハンドシェイクの自習を勧める。

認証付き Diffie-Hellman 鍵共有プロトコルを実行し，中間中継者とセッション鍵 $k_2$ を共有する。その際，Tor クライアントと入口番人の間の経路では，秘匿する必要のあるアドレス情報が暗号化される。具体的には，Tor クライアントから入口番人へ向かうパケットでは，宛先は M であるという情報 “To M:” が $k_1$ で暗号化されて運ばれ，パケットの送信元は C，宛先は G とされる。鍵共有ペイロードは，“To M:” とともに暗号化される。以降では，鍵共有ペイロードを $KAP$ と表記する[†]。形式化するため，$k_1$ による暗号化を $E_{k_1}$ と表現し，Tor クライアントから入口番人へ向かうパケットの状況を

$$\text{From C, To G:}\ \ E_{k_1}(\text{“To M:”}\|KAP)$$

と記すことにする。入口番人は，$k_1$ で復号して “To M:” であることを知り，送信元を G，宛先を M としたパケットで $KAP$ を中間中継者へ転送する。中間中継者から入口番人へ向かうパケットの送信元は M，宛先は G であり，入口番人から Tor クライアントへ向かうパケットは，入口番人が中間中継者から受け取った $KAP$ に中間中継者のアドレスを連結して $k_1$ による暗号化を行い

$$\text{From G, To C:}\ \ E_{k_1}(\text{“From M:”}\|KAP)$$

とされる。Tor クライアントと入口番人の間のトラヒックを観測した第三者は，アドレス C のノードと G のノードの間の Tor 鍵共有関連通信であることはわかるが，G のつぎの中継者のアドレスが M であることはわからない。入口番人と中間中継者の間のトラヒックを観測した第三者は，アドレス G のノードと M のノードの間の Tor 鍵共有関連通信であることはわかるが，クライアントのアドレスが C であることはわからない。また，中間中継者も，クライアントのアドレスが C であることはわからない。ただし，入口番人は，クライアントのアドレスが C であることも中間中継者のアドレスが M であることもわかり，もちろん自分自身が入口番人であることも知っている。

最後に，Tor クライアントは，入口番人と中間中継者を経由して出口中継者

---

† プロトコルが進行するにつれて，$KAP$ が実際に運ぶペイロードの中身は変わるが，一貫して単に $KAP$ と表記する。

との間でサーバ認証付き Diffie-Hellman 鍵共有プロトコルを実行し，出口中継者とセッション鍵 $k_3$ を共有する。その際，Tor クライアントと入口番人の間の経路では，秘匿する必要のあるアドレス情報と鍵共有ペイロードが二重に暗号化され，Tor クライアントから入口番人へ向かうパケットは

$$\text{From C, To G:}\ \ E_{k_1}(\text{“To M:”}\|E_{k_2}(\text{“To X:”}\|KAP))$$

とされる。入口番人から Tor クライアントへ向かうパケットは，入口番人が中間中継者から受け取った $k_2$ による暗号化部分に中間中継者のアドレスを連結して $k_1$ で暗号化し

$$\text{From G, To C:}\ \ E_{k_1}(\text{“From M:”}\|E_{k_2}(\text{“From X:”}\|KAP))$$

とされる。入口番人と中間中継者の間の経路でも，秘匿する必要のあるアドレス情報が暗号化される。具体的には，入口番人から中間中継者へ向かうパケットは，入口番人が Tor クライアントから受け取った二重の暗号化の一番外側を $k_1$ で復号して残る暗号化部分を維持し

$$\text{From G, To M:}\ \ E_{k_2}(\text{“To X:”}\|KAP)$$

とされる。中間中継者から入口番人へ向かうパケットは，中間中継者が出口中継者から受け取った $KAP$ に出口中継者のアドレスを連結して $k_2$ で暗号化し

$$\text{From M, To G:}\ \ E_{k_2}(\text{“From X:”}\|KAP)$$

とされる。中間中継者から出口中継者へ向かうパケットの送信元は M，宛先は X であり，出口中継者から中間中継者へ向かうパケットの送信元は X，宛先は M である。中間中継者と出口中継者の間のトラヒックを観測した第三者は，アドレス M のノードと X のノードの間の Tor 鍵共有関連通信であることはわかるが，クライアントのアドレスが C であることや入口番人のアドレスが G であることはわからない。また，出口中継者も，クライアントのアドレスが C であることや入口番人のアドレスが G であることはわからない。

鍵共有をすべて終えた段階でそれぞれの関与者が知っているセッション鍵とアドレス情報は，**表 5.1** のとおりになる。セッションが始まれば，これに加えて，出口中継者はアクセス先サーバのアドレスも把握することになる。

**表 5.1**　Tor クライアントと中継者が保管する情報

| | クライアント (C) | 入口番人 (G) | 中間中継者 (M) | 出口中継者 (X) |
|---|---|---|---|---|
| 鍵 | $k_1, k_2, k_3$ | $k_1$ | $k_2$ | $k_3$ |
| アドレス | C, G, M, X | C, G, M | G, M, X | M, X |

〔**3**〕 **サーバへのアクセス**　　Tor クライアントからアドレスが S であるサーバへのアクセスは，表 5.1 に示したそれぞれの情報を用いて，**図 5.1** のようにアドレスの多重暗号化を駆使して行われる。

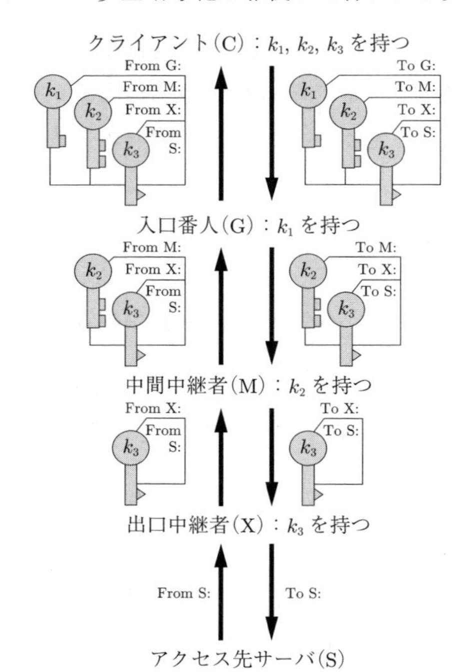


**図 5.1**　匿名通信システム Tor によるサーバアクセス

具体的には，Tor クライアントから入口番人へ向かうパケットは，Tor クライアント自身が暗号化を三回実行して

From C, To G: $E_{k_1}$ (“To M:”$\|$$E_{k_2}$ (“To X:”$\|$$E_{k_3}$ (“To S:”)))

とされる。入口番人から Tor クライアントへ向かうパケットは，入口番人が中間中継者から受け取った二重の暗号化部分にさらに中間中継者のアドレスを連結して $k_1$ で暗号化し

From G, To C: $E_{k_1}$ (“From M:”$\|$$E_{k_2}$ (“From X:”$\|$$E_{k_3}$ (“From S:”)))

とされる。そして，入口番人と中間中継者の間の経路では，アドレス情報が二重に暗号化される。具体的には，入口番人から中間中継者へ向かうパケットは，入口番人が Tor クライアントから受け取った三重の暗号化の一番外側を $k_1$ で復号して残りの二重暗号化部分を維持し

From G, To M: $E_{k_2}$ (“To X:”$\|$$E_{k_3}$ (“To S:”))

とされる。中間中継者から入口番人へ向かうパケットは，中間中継者が出口中継者から受け取ったアクセス先サーバのアドレスを暗号化した部分に出口中継者のアドレスを連結して $k_2$ で暗号化し

From M, To G: $E_{k_2}$ (“From X:”$\|$$E_{k_3}$ (“From S:”))

とされる。また，中間中継者と出口中継者の間の経路では，アクセス先サーバのアドレスのみが暗号化される。具体的には，中間中継者から出口中継者へ向かうパケットは，中間中継者が入口番人から受け取った二重の暗号化の一番外側を $k_2$ で復号して残りの暗号化部分を維持し

From M, To X: $E_{k_3}$ (“To S:”)

とされる。出口中継者から中間中継者へ向かうパケットは，出口中継者がアクセス先サーバのアドレスを $k_3$ で暗号化して秘匿し

From X, To M: $E_{k_3}$ (“From S:”)

とされる。出口中継者からアクセス先サーバへ向かうパケットの送信元は X,

宛先はSであり，アクセス先サーバから出口中継者へ向かうパケットの送信元はS，宛先はXである。このTorを利用したアクセスの関与者のアドレスの中でアクセス先サーバが知り得るのは，出口中継者のアドレスのみである。

以上のようなTorによるアクセス経路の各区間で第三者が観測して入手できるアドレス情報は，**表5.2**のとおりである。

**表5.2**　Torのアクセス経路の各区間で観測可能なアドレス

| CとGの間 | GとMの間 | MとXの間 | XとSの間 |
|---|---|---|---|
| C, G | G, M | M, X | X, S |

### 5.1.3 安　　全　　性

**〔1〕 ペイロード解析攻撃**　　Torによるアクセスのセッション中では，Tor自身によるペイロードの暗号化は行われない。よって，Torでホームページを閲覧するアクセスの場合，そのWebサーバの運営者に関する情報が平文のペイロードで運ばれかねない。実際，Webサーバの特定につながる組織名や個人名が載っていないホームページの方が，むしろ稀であろう。組織名や個人名が載っていない場合でも，特徴的な文字情報はたいてい含まれている。それらをキーワードにして検索エンジンで検索すれば，どのURLのホームページであるのかを調べることが相当程度可能である。したがって，入口番人や，入口番人とTorクライアントの間の経路上でトラヒックを観測できる第三者は，Torクライアントがどのホームページを閲覧しているか，知り得る可能性が十分ある。これを，**ペイロード解析攻撃**という。

ペイロード解析攻撃対策として，TLSを利用した暗号化通信を行うという方法があり得る。ただし，サーバを特定する情報がTLSハンドシェイクの通信から漏れないようにするなど，工夫が必要である。

**〔2〕 シビル攻撃**　　匿名通信システムに限らず，一般に，多くのアカウントを制御して不正行為をする攻撃を，**シビル攻撃**(Sybil attack)という†。制御

† 多重人格者を扱った書籍にちなんだ名称。一人の攻撃者が多くのアカウント，いわば多くの“顔”を持つというイメージから，このように呼ばれるようになった。

する手段としては，多くのアカウントを登録したり，他人のアカウントを乗っ取ったり，他人と結託する手段などがある†。アカウント数の制限が甘いシステムや，登録の際に実世界の身元証明を厳しく求めないシステムでは，比較的容易に試みることができる攻撃である。

ここでは，攻撃者があるTorノードの送受信するパケットを観測できることを，攻撃者がそのノードを「制御する」ということにしよう。Torのセッションが始まれば，表5.1に加えて，出口中継者はアクセス先サーバのアドレスも把握する。よって，攻撃者が入口番人と出口中継者を制御すれば，送受信者リンクの匿名性が破られる。さらに後述する指紋攻撃なども踏まえれば，入口番人は特に重要なので，番人ローテーションはTorの運用基盤の中でも特に慎重に扱われる。中継者が番人ローテーションに入るために必要な番人フラグの付与基準が厳し過ぎて番人候補が少ないと，それ自体が匿名性確保にマイナスである。逆に，甘過ぎると，シビル攻撃に加担する中継者が番人になりやすくなってしまう。番人ローテーションの更新間隔が長過ぎると，長い間同じ番人リストに候補が限られ，それ自体が匿名性確保にマイナスである。逆に，更新間隔が短過ぎると，シビル攻撃者が多くのTorノードを中継者として登録して立ち上げた時，実際に番人リストに入り込むまでに要する時間が短くなってしまう。経験的な設定に関係するトレードオフには，匿名性と利便性の間のトレードオフだけでなく，匿名性を脅かす異なる問題の間のトレードオフもある。

〔**3**〕 **タイミング攻撃**　Torの中継者間を転送される時，パケットが1ホップで届くことは稀であり，ふつうはインターネットのノードをいくつも経由する経路をとる。中継者を制御するのではなく，それらのノードでトラヒックを観測することによって，送受信者リンクの匿名性が破られる可能性がある。そのような観測で入手できるアドレス情報は表5.2のとおりなので，ヘッダのアドレス情報を見るだけで確実に破るためには，すべての区間すなわち4カ所で観測しなければならない。しかし，Torクライアントに最も近い区間（Torクライアントと入口番人の間）とアクセス先サーバに最も近い区間（出口中継者

† そのため，Sybil attackを**結託攻撃**と訳す場合もある。

とアクセス先サーバの間）で観測すれば，トラヒックパターン（通信量の時系列データ）の相関を分析するだけでも，ある程度の精度でTorクライアントとアクセス先サーバを推定できる場合がある。こうして2カ所の観測で送受信者リンクの匿名性を脅かす攻撃を，**タイミング攻撃** (timing attack) という。

〔4〕 **反射攻撃**　タイミング攻撃と同様にTorの中継経路の両端に着目し，それらのノードを乗っ取る。両端のノードの一方において，攻撃対象のTorトラヒックを担うパケットを正常に転送した後で，まったく同じパケットを再送する。再送したパケットは，TCPのパケットに付けられているシーケンス番号が重なっているため，エラー処理を引き起こす。このエラー処理を担うパケットがもう一方のノードで観測されれば，観測している両端のノードにそれぞれ近いTorクライアントとアクセス先サーバの候補が，もっともらしいことになる。このような能動的攻撃を，**反射攻撃**という。手順からわかるように，再送攻撃の一種であり，英語ではそのままreplay attackという。

〔5〕 **指紋攻撃**　攻撃者が入口番人を制御しているとする。クライアントがアクセスしそうなWebサイトの候補がある程度絞られているか，あるいは，「もしこれらのWebサイトへアクセスしているならば突き止めたい」という要注意のWebサイトがある程度の数に限定されているとする。攻撃者は，まず，制御している入口番人を入口番人として用いてTorでそれらのWebサイトへのアクセスを試行し，トラヒックパターンを観測する。このトラヒックパターンを，それぞれのWebサイトの**指紋**と呼ぶ。一般的なホームページは，テキストだけの単純なものではなく，いくつもの画像ファイルやjavascriptのソースファイルなど，多くのファイルを読み込んで表示されるコンテンツである。そのため，指紋にはWebサイトの特徴がよく現れる。

つぎに，攻撃者は，攻撃対象のTorトラヒックを観測し，その指紋と類似度の十分高い指紋が試行で観測されていれば，その試行時のアクセス先がいまクライアントのアクセスしているWebサイトであると判定する。これが，基本的な**指紋攻撃**である。機械学習に十分な試行を繰り返すことができれば，指紋の類似度を閾値と比較するような単純な手順ではなく，分類器による判断でアクセス先を推定することもできる。指紋攻撃は，強力な順探知手段である。

〔6〕 **サービス妨害攻撃** コンセンサスファイルに載っている入口番人や出口中継者の候補は，だれでも見ることができる。また，Tor を使う時には，ディレクトリサーバへのアクセスなどの特徴的な挙動が見られる。そのため，Tor を使おうとしている通信を判別しブロックすること（サービス妨害攻撃の一種）は，技術的にはある程度可能である。ただし，挙動の監視が合法的かなどの問題があるので，注意が必要である。

〔7〕 **プライバシー保護の難しさ** ペイロード解析攻撃，シビル攻撃，タイミング攻撃，反射攻撃，そして指紋攻撃が匿名性を脅かす際，けっしてアドレスの多重暗号化で用いられている暗号アルゴリズムや，認証付き鍵共有プロトコルを破っているわけではない。このように，暗号技術の安全性を評価するモデルの範囲外で行われる観測を利用する攻撃を，**サイドチャネル攻撃** (side-channel attack) という。暗号技術の実装の中でも，効率を重視した実装は，特にサイドチャネル攻撃に注意が必要である。Web アクセスには効率化の要求が強い。サイドチャネル攻撃が Tor への脅威になるのは，自然なことである。

プライバシー保護では，守るべき情報の漏洩がたとえ実際にはなかったとしても，ただ心配で利用者の不安が大きいだけで，「プライバシー保護が不十分である」と見なされる側面がある。よって，Tor は，少なくとも利用者の観点では，必ずしも十分な匿名性を提供していない。

一方，「犯罪者が追跡を逃れる目的で匿名通信システムを利用する問題へ対抗するために，匿名性を破る必要がある」という立場に立つならば，100%確実に破ることができるようにならない限り，攻撃成功率をいくら向上させても向上させ過ぎということはないかもしれない。また，誤推定のインパクトにも，独特の問題がある。対立する者の観点での匿名性評価には，利用者の観点での評価と要件やモデルが異なることを認識して取り組まなければならない。

## 5.2 分散台帳

**分散台帳** (distributed ledger) は，時間の経過とともにほぼ定期的にあるいは必要に応じてときどき新しい行が追記される処理履歴の記録簿（台帳）を，分散した複数の計算機に保管し，必要に応じて第三者が（台帳データの）完全性を検証できるシステムの総称である。関与する計算機は自律分散的に動作し，台帳に電子証拠物としての機能を持たせることから，全体としてトラスト基盤の役割を果たす。また，同じく自律分散的なインターネットがそうであるように，さまざまな役割を担う多数のプロトコルの集合体である**プロトコル一式** (protocol suite) によって，一つの分散台帳システムが運用される。

分散台帳は，載せる処理記録を経済的価値の移転情報（例えば「A さんから B さんへ 2 単位の仮想通貨を渡す」など）とすれば，仮想通貨やポイントシステム，あるいは電子小切手などの送金手段として機能する。処理記録として契約情報やその履行記録などを扱えるようにし，契約情報に「履行時に実行するプログラム」を含めることができるようにすれば，さらに応用が広がる[†1]。

それらのアプリケーションで具体的に実装する際には，処理記録を，あらかじめ定めたフォーマットで記載する。また，ある程度の個数の処理記録をまとめて記載しなければ，現実的な需要に応えられない。そのため，一回の追記で加えられる情報を「行」と呼ぶよりも「ブロック」と呼ぶ方が実態に合う。それらが追記される度に延びていく鎖のイメージと組み合わさり，具体的な実装を意識する時には**ブロックチェーン**ということが多い[†2]。ここでは，既存の典型的な実装に若干の変更を加えて，基本的な仕組みを学ぶ。

### 5.2.1 ブロックチェーン

まず，図 2.10 のタイムスタンプ機構を少し改変する。重要な情報 $m$ にタイ

---

†1　一般にスマート契約と呼ばれる概念の一形態を実現できる。
†2　「分散台帳」という呼び名と「ブロックチェーン」という呼び名の使い分けは，どちらかといえば前者の方が広義だが，明確ではない。

ムスタンプを押す時，図 2.10 の機構における「ハッシュ値を公開する改ざん困難なアーカイブ」と「確率過程の実現値を読み込む信頼できるリソース」を，同じもので兼ねる試みである。具体的には，**図 5.2** のような手順を考える。

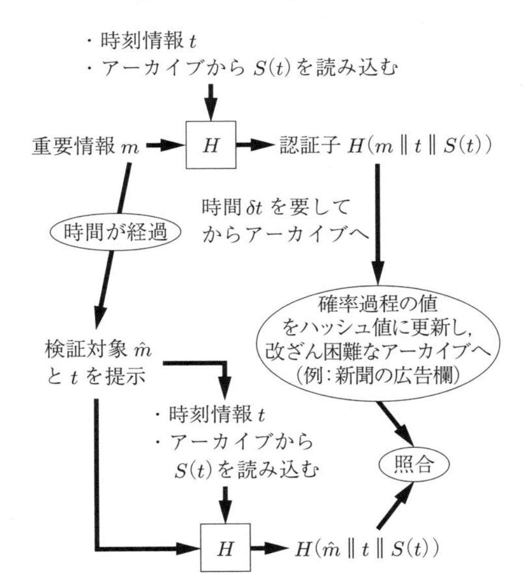


**図 5.2** ハッシュ値系列自体を確率過程としたタイムスタンプ

① $S(t)$ をアーカイブから読み込む。

② ハッシュ値 $H(m\|t\|S(t))$ を計算し，認証子とする。

③ 認証子を，改ざん困難なアーカイブに載せる。アーカイブを担うメディアには発行間隔や更新間隔があり，掲載作業に時間を要するので，掲載は時間が $\delta t$ 経過してからになったとする。

④ 確率過程の値を $S(t+\delta t) = H(m\|t\|S(t))$ に更新し，つぎのタイムスタンプ押印までは据え置く。

⑤ 完全性検証の要求が出された時には，$S(t)$ も $S(t+\delta t)$ も当該アーカイブから読み込んでハッシュ値の照合による検証を行う。

ブロックチェーンでは，図 5.2 におけるアーカイブへの掲載に相当するプロセスを，インターネット上で第三者に目撃してもらってその証拠をあちらこちらへ残すことによって実現する。すると，そもそも第三者が何のために目撃するのか，という疑問が生じる。ここでは，目撃と掲載作業に対して報酬を支払うという仕組みでインセンティブを与えることにし，**図 5.3** のように発展させる。

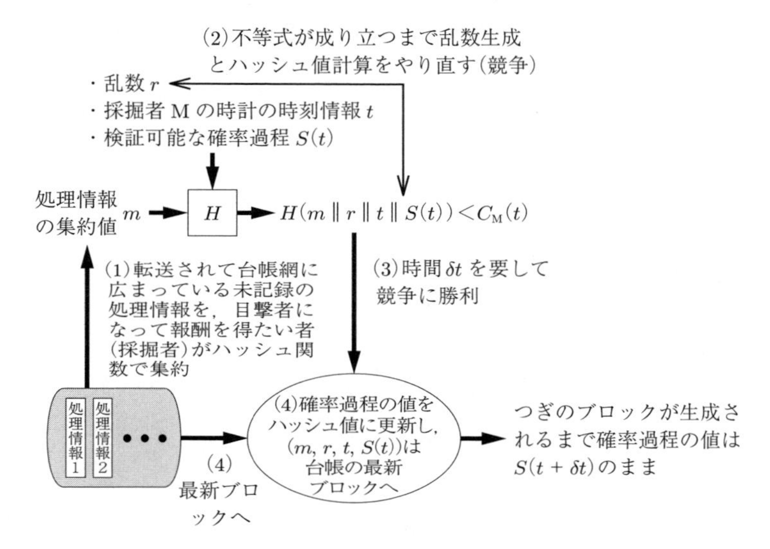


**図 5.3**　作業証明を利用したブロックチェーンの例

図 5.3 のブロックチェーンには，つぎの四種類の関与者が存在する。

**トランザクション発生者:** 自分の関与する取引などの処理情報を台帳へ追記してもらいたい者。電子署名を生成する秘密鍵を持っている。

**台帳保持者:** 台帳を保持する者。適宜，ほかの台帳保持者や台帳参照者，トランザクション発生者，そして採掘者と通信する。

**台帳参照者:** 台帳保持者から台帳を読み込んで参照する者。トランザクション発生者や採掘者も，台帳を参照する時には台帳参照者として動作する。台帳保持者も，ほかの台帳保持者の台帳を参照する機能を持つ。

**採掘者 (miner):** 処理情報を目撃した証拠を含むブロックを作成して台帳の更新に貢献し，その報酬を得たい者。

以上の関与者が自律分散的に動作し，分散台帳システムを構成する。

① トランザクション発生者が，処理情報をネットワークへ送信する。それはつぎつぎと転送され，台帳保持者と採掘者に行き渡る。一般に，台帳が更新される前に，複数の処理情報が流れる。採掘者は，ハッシュ関数 $H$ を用いて，それらの処理情報を一つのハッシュ値 $m$ に集約する。その際，各処理情報の正当性を確認する（例えば，トランザクション発生者の電子署名が添えられているならば，その検証などを行う）。また，自分が報酬を得ること自体の処理情報を生成し，それも集約する。集約は木構造で行い，例えば四個の処理情報 $b_0$，$b_1$，$b_2$，$b_3$ を集約する時には

$$m = H\left(H\left(H\left(b_0\right) \| H\left(b_1\right)\right) \| H\left(H\left(b_2\right) \| H\left(b_3\right)\right)\right)$$

を計算する。個数が 2 のべき乗でない時に木の形をどうするかは，例えば左優先規則などを定めて対応する。また，処理情報を取り込む順序は，採掘者の裁量で決めることも規則に基づいて決めることもできる。

② 採掘者 M は，台帳参照者として台帳を参照し，台帳に記録された最新のブロックのハッシュ値である $S(t)$ を読み込む。その上で，$m$ に
- 新たに生成した乱数 $r$
- 自分の手元の時計が示す時刻情報 $t$
- 読み込んだ $S(t)$

を連結したデータのハッシュ値を計算し，それが基準値 $C_{\mathrm{M}}(t)$ より小さいかどうかをチェックする。基準値以上ならば，乱数 $r$ を生成し直して同様のチェックを行う。基準値より小さくなれば，目撃して新しいブロックを作成したので報酬を得たいという台帳更新データをネットワークへ送信する。この台帳更新データは，それを最初に受信した台帳保持者によって，次項 ③ に示す処理をされる。

条件を満たす $r$ を探させる仕組みを作業証明 (PoW: Proof-of-Work) † といい，単純な実装では基準値は定数とする。$r$ の探索は報酬目的の探索作

† 作業証明の考え方は，分散台帳技術が登場する 15 年以上前に，サービス妨害攻撃を抑制するために送信者にある程度負荷の重い作業を課する仕組み（作業した証拠を提示しなければ相手にしない仕組み）として提案されていたものである。

業なので，**採掘** (mining) と呼ばれる（それ故Mは**採掘者**と呼ばれる）[†1]。理論的には「ハッシュ値の上位何桁かを固定して残る桁は任意とし，そのようなハッシュ値を与える入力を求める」という意味の「**ハッシュ関数の部分的な一方向性破り** (partial hash inversion)」に相当し，所要時間を基準値でおおむね調節できる。基準値が時刻に依存しない実装もあり得るが，一般には，基準値は変更されることがあり，変更される時にはその情報がネットワーク内でつぎつぎと転送されて行き渡る。また，関与度（例えば，報酬付与で用いられる仮想通貨の保有残高や，その時間積分値）に応じて，採掘者ごとに基準値を変える実装もある。

③ 台帳更新データを受信した台帳保持者は，内容の正当性（ハッシュ値が基準値未満かなど）を検証して更新の可否を判断し，可ならばほかの台帳保持者へ転送する。こうして，採掘の成果である乱数値 $r$ と $m$，$t$，$S(t)$ および集約した処理情報を含むブロックが追記され，ネットワーク内でつぎつぎと転送されて台帳保持者へ行き渡る。なお，台帳保持者は，適宜ほかの台帳保持者と交信して，台帳更新を徹底する。

　採掘で報酬を得るのは早い者勝ちなので，多くの採掘者がわれ先にと採掘し，台帳の更新が行き渡る前に，複数の採掘者から台帳更新データが流れることがある。この場合，あらかじめ定められた規則に従って，だれが採掘競争に勝利して報酬を得られるかが決まる。採掘から勝利者決定に至るまでの規則を**コンセンサスアルゴリズム** (consensus algorithm) といい，決定までにはある程度の時間 $\delta t$ を要する。

④ 確率過程の値は，勝利者が決まれば，$S(t+\delta t) = H\left(m \| r \| t \| S(t)\right)$ のように更新される[†2]。この値は，次回の追記まで維持される。

---

[†1] 報酬を与える以外の方法で目撃者にインセンティブをもたらすブロックチェーンもあるので，一般には，採掘者ではなく**ブロック作成者**と呼ぶべきである。

[†2] このハッシュ値をいまのブロックに含めて記録する実装も含めない実装もあり得るが，含めない実装でも台帳参照者はそのブロックのデータからハッシュ値を計算できる。時間が経過してつぎのブロックが生成されればそこに記録されるので，含めない実装の方が記憶領域や通信量を節約できる。

### 5.2.2 プロトコル一式

図 5.3 の説明で「つぎつぎと転送されて行き渡る」という表現が何度も登場した。自律分散システムでは，「行き渡らせる仕組み」をプロトコルとして規定しなければならない。採掘の基準値を制御する仕組みや，さまざまなプロトコルが必要となる。図 5.3 の背後には多数のプロトコルが隠れている。

### 5.2.3 仮　想　通　貨

図 5.3 における「処理情報」をどう構成するかが，具体的なアプリケーション設計における重要項目である。ここでは，仮想通貨の例を学ぼう。具体的には，ある金額をだれかへ渡す取引の処理情報を，つぎの項目で構成する。

**元手となる過去の処理情報の ID:** 元手となる過去の処理情報（元手情報）のハッシュ値。複数の取引で得た金額を合わせて渡すならば，それらの ID をすべて含める。ID がわかれば元手情報を台帳から読み出せる。

**この処理情報の ID:** 処理情報のハッシュ値を ID とする。

**だれが渡すのかを指し示す情報:** 自分の公開鍵のハッシュ値。対応する秘密鍵を持っていることが，現在の所有者証明（この「渡す行為」をする権利の証明）となる。実名とリンクさせる公開鍵基盤を前提としていないので，公開鍵のハッシュ値は，匿名の ID(pseudonym) としての役割を果たす。元手情報で受け手に指定されている情報と整合する必要がある。

**渡す相手を指し示す情報:** 相手の公開鍵のハッシュ値。

**渡す金額:** 元手の合計を上回ることはできない。渡す相手が複数いる場合には，それぞれに渡す金額を指定するが，その合計が元手の合計を上回ることはできない。渡す相手の一人として自分自身を指定すれば，元手の合計がいま使いたい金額を上回る場合に，釣り銭の機能を実現できる。

**電子署名:** ほかの全項目に対する電子署名。署名生成鍵は，元手情報と整合する自分の公開鍵に対応する秘密鍵でなければならない。

こうして過去のすべての取引履歴を台帳で参照し検証できるため，二重使用を防止できると期待する。ただし

- 処理情報を送信したにも関わらず，それを集約していない採掘者が勝利したら，その処理情報は後でどう取り扱われるのか

などのさまざまなトラブル解決の仕組みと，それらを支えるプロトコルも整備しなければならない。

### 5.2.4 安　全　性

プロトコル一式の多くを割愛したままでは，安全性は主張できない。一方，危険性の考察は，ある程度可能である。

**シビル攻撃:** 採掘に参加するノードの計算能力の総和のある一定割合以上を一つの主体（もしくは多数が結託した組織）が所有し，台帳の更新を自由に（あるいは非常に有利に）制御する。また，トランザクション発生者と採掘者のすべてまたは一部の結託により，不正な台帳更新をする。

**匿名性へのサイドチャネル攻撃:** トランザクション発生者の匿名性が必要なアプリケーションの場合に，Tor の指紋攻撃のようにトラヒックを観測して匿名性を脅かす。

**不公平な交換:** 特に仮想通貨では，**公平な交換** (fair exchange) を実現できるかどうかが問題になり得る。トランザクション発生者が，ある買物の支払いに仮想通貨を用いる場面を考えよう。つぎのいずれのタイミングで，売り手が品物をトランザクション発生者（買い手）に渡せば，「売り手が代金を回収しつつ品物を渡さないリスク」も「買い手が代金を支払わずに品物を受け取るリスク」も排除できるだろうか。

- トランザクション発生者が代金の金額を知ったタイミング
- 処理情報がブロックチェーンのネットワークに送信された直後のタイミング
- 採掘の完了を待っているタイミング

- 処理情報を反映したブロックが台帳に追記されたタイミング

答は，本書に記載したプロトコルだけでは決まらない。

### 5.2.5 スケーラビリティ

自律分散システムの実装では，スケーラビリティに注意が必要である。ブロックチェーンの場合，例えば，ブロック一つのサイズに上限を設け，基準値の調節で採掘に要する平均時間（$\delta t_{\rm ave}$ とする）を制御すれば，台帳保持者や採掘者に求められるリソースを現実的な範囲に制御しやすい。ただし，ブロックサイズが小さ過ぎると，単位時間あたりのトランザクション数の需要に対応できない。かといって，ブロックサイズを大きくし過ぎると，台帳保持者らに求められるリソースが非現実的になる。

また，さまざまな情報を「ネットワーク内で行き渡らせるプロトコル」や諸調整プロトコルの関係で，$\delta t_{\rm ave}$ の短縮には限界がある。この短縮限界には，ブロックサイズや，処理情報を並べる順序に関する規則も影響する。結果として，取引時刻保証の精度が粗くなり処理時間が長くなると，アプリケーションの要件を満たせない可能性が高まる。場合によっては，不公平な交換などのリスクも高まる。

スケーラビリティに関係するこれらの問題は，分散台帳技術の本来の方針である「不特定多数が参加可能な自律分散システムによる実現」に固執すると，解決策の技術的難易度が高い。そのように不特定多数が特別な許可なく参加できるブロックチェーンを，**許可不要チェーン** (permissionless chain) という。

一方，参加を許可者限定にしたものを**許可者限定チェーン** (permissioned chain) という。許可者限定チェーンでは，採掘の仕組みを組み込まなくても目撃者を安定して確保しやすいが，自律分散指向は薄れる。また，許可者を区別するアクセス制御が必要になり，社会全体のトラスト基盤と称するには公共性が低くなる。それらの問題を受け入れるならば，単なるパラメータ調整ではない技術的なスケーラビリティ向上策を比較的開発しやすい。

## 5.3 情報セキュリティと社会

### 5.3.1 行動と経済学

人と組織の行動は，情報セキュリティに大きな影響を与える。それぞれの行動の要因を科学的に分析できる場合もできない場合もあるが，分析に有用な人文社会科学的アプローチがいくつかある。それらを用いて分析した結果が，制度設計に役立てられたり，別の課題の分析手法の設計に役立てられたりする場合もある。すなわち，情報セキュリティ分野において，人文社会科学はアナリシスだけでなくシンセシスにも役立つ。そして，定性的な考察にも定量的な考察にも重要な役割を果たす代表例が経済学である。情報セキュリティに関する諸問題の分析や定式化，あるいは実証などに貢献する経済学を，特に情報セキュリティ経済学（またはセキュリティ経済学）という。

**〔1〕 類　型**　情報セキュリティへの関与者が，皆，経済学的に合理的な行動をとるとは限らない。しかし，モデルを立てれば，そのモデルのもとで合理的な行動はなにかを理論的に明らかにし，実際に観測したデータを実証分析して，現実に起きている問題とその対策を論じることができる。情報セキュリティ経済学がもたらす知見には，二つの類型がある。

**類型 1：**情報セキュリティに関する具体的な問題の発生要因が，「経済学的に最適な戦略に人や組織が従うがままに放置しておくと問題が発生するにも関わらず，それを抑制したり回避したりするための制度的対策が十分とられていないこと」にある。よって，適切な制度的対策を促すことにより，問題を解決または緩和できる可能性がある。

**類型 2：**情報セキュリティに関する具体的な問題の発生要因が，「経済学的に最適な戦略が直感に反しているため，または，ほかの似て非なりの事例で別の戦略がとられていることに影響され，人や組織が最適戦略に従わないこと」にある。よって，経済学的に最適な戦略を論理的に説明し，直感を正したり，似ているが違う問題であることを理解させることによって，問題を解決または緩和できる可能性がある。

1章で学んだ外部不経済とただ乗り問題は，類型1の典型的な例である。また，すでに見たように，ソフトウェアは，出荷されてからつぎつぎとパッチを出して脆弱性を含む問題を順次修正する傾向にある。ソフトウェア産業を，先行者利益の大きな産業としてモデル化すれば，このようなベンダーの行動を経済学的に合理的な行動として説明できる。もちろん，情報セキュリティの観点で望ましいとはいえないので，出荷前の脆弱性排除レベルを上げたりパッチ対応をより効果的なものへ導き消費者を保護するための仕組みを考えることが重要である。これも，類型1の例である。ほかに，「立証責任がユーザ側にある場合，業者は十分に情報セキュリティ投資をしない」というモラルハザードの問題や，「業者と比べてユーザの情報セキュリティに関する知識が著しく不足している場合，情報セキュリティの観点で質の低い製品が支配的になる」という情報の非対称性（レモン市場）の問題も，類型1の例である。

類型2の例としては，実際にインシデントに見舞われてから基本的な対策をとる，という後追い的な情報セキュリティ投資の傾向がある。問題が起きてから対応しているように見えるソフトウェア産業の影響を受け，基本的な対策を怠り，その結果としてインシデントが起きてからようやく対策をとるならば，それは類型2の問題である。なぜならば，少なくとも

- ソフトウェア産業の例では，修正された脆弱性が，必ずしもすでにインシデントを起こした既知のものや基本的なものばかりではない。
- 提供する製品への情報セキュリティ投資と自分のシステムへの情報セキュリティ投資では，モデルが異なる。

といった点でソフトウェア産業の例は似て非なるものであり，また，基本的な対策を怠って起きるインシデントから被る代償はきわめて大きく，後追い的な情報セキュリティ投資はけっして合理的ではないからである。

〔**2**〕　**最適投資**　　情報セキュリティ対策のために無限に投資すればいくらでも安全性が向上するのでそれが望ましい，という主張は乱暴である。実際，か

りに**リスク中立性** (risk neutrality)[†]を仮定して経済学的な合理性だけで投資額を決めるならば，モデルのパラメータで決まる最適投資額を決める最適化問題をわかりやすく定式化できる。

例えば，脅威がもたらす危害を経済的な損失として解釈する以下のモデルは，定式化した学者二人にちなんで **Gordon-Loeb モデル** (Gordon-Loeb model) と呼ばれている。簡単のため今日と明日しかない一期間モデルを考え，情報セキュリティに今日新たに投資する最適な金額を求めたいとする。ここでは，元の Gordon-Loeb モデルに一部一般化を加え，パラメータとモデルを記述する関数を以下のように定義する。脅威と脆弱性を明確に区別することが重要である。

**脅威 $\boldsymbol{t}$：** 攻撃や誤操作など，損失につながり得る原因が生起する確率の，今日現在の値

**脆弱性 $\boldsymbol{v}$：** 損失につながり得る原因が生起した際に，生起したという条件のもとで，実際に損失が生じる（例えば攻撃が生起した場合には，その攻撃が成功する）条件付き確率の，今日現在の値

**損失 $\boldsymbol{\lambda}$：** 実際に損失が生じた場合の経済的損失金額

**投資 $\boldsymbol{z}$：** 情報セキュリティ対策費として，今日投資する金額

**投資後の $\boldsymbol{tv}$ 積 $\boldsymbol{S(t,v,z)}$：** 投資後すなわち明日の脅威と脆弱性の積を，$S(t,v,z)$ とする。その値が，今日の脅威と脆弱性および投資にのみ依存して決まる，というモデル化である。投資しなければ効果は出ず，$S(t,v,0) = tv$ であり，最初から脅威または脆弱性が皆無ならば投資額に関わらずその状態は保たれ $S(0,v,z) = S(t,0,z) = 0$ であるとする。また，無限に投資すれば脅威と脆弱性の積はいくらでも 0 に近づけることができ，$S(t,v,z) \to 0$ $(z \to \infty)$ であるとする。さらに，偏

† 投資を期待利益の水準だけで判断すること。リスク中立な投資家は，リスク（実現し得る利益金額や損失金額に不確実性があることや，その程度）を考慮しない。例えば，「期待値としては 2 万円の利益が得られるが，最悪の場合には 1 万円の損失を生じる」という選択肢と，「必ず 1 万円の利益が得られる（よって，期待値も 1 万円である）」という選択肢があるとする。リスク中立的ならば，前者を選ぶ。

微分を下付添字で表し，任意の $t, v \in (0,1)$ と任意の $z \geqq 0$ に対して $S_z(t,v,z) < 0$ かつ $S_{zz}(t,v,z) > 0$ と仮定する。すなわち，情報セキュリティ投資をすれば脅威と脆弱性の積は低減されるが，低減率は投資額が増えると緩やかになるとする。

ここからは，$tv\lambda > 0$ の場合のみを考えよう。最適投資問題は，基本的には，損失低減の期待値から投資額を差し引いた「**情報セキュリティ投資による純利益の期待値** (**ENBIS**: Expected Net Benefit from an investment in Information Security)」を最大化する問題

$$ENBIS(z) = tv\lambda - S(t,v,z)\lambda - z \ \rightarrow \ \max. \tag{5.1}$$

として定式化される。$z$ が非負であることに注意し，最適投資額 $z^*$ はつぎのように考えて求める。

① $S_{zz}(t,v,z) > 0$ より，$ENBIS$ の 2 階微分 $ENBIS_{zz}$ は負なので，$ENBIS$ の導関数 $ENBIS_z$ は単調減少である。

② $S(t,v,0) = tv$ より，$ENBIS(0) = 0$ である。

③ $S(t,v,z) \rightarrow 0 \ (z \rightarrow \infty)$ より，$ENBIS(z) \rightarrow -\infty \ (z \rightarrow \infty)$ である。

④ $ENBIS$ の導関数 $ENBIS_z$ を 0 とおいた $z$ に関する方程式が非負の解を持たない場合は，$z \geqq 0$ において $ENBIS$ は単調減少となる。よって，$z^* = 0$ である。

⑤ 非負の解を持つ場合は，導関数の単調減少性からその解は一つである。情報セキュリティ投資による純利益の期待値の増減表は**表 5.3** のようになり，この唯一解が $z^*$ である。

**表 5.3** $ENBIS_z = 0$ が非負の解を持つ場合の $ENBIS$ の増減表

| $z$ | 0 | $\cdots$ | $z^*$ | $\cdots$ |
|---|---|---|---|---|
| $ENBIS$ | 0 | 増加 | 最大 | 減少 |
| $ENBIS_z$ | + | + | 0 | − |
| $ENBIS_{zz}$ | − | − | − | − |

Gordon-Loeb モデルにおけるパラメータの中で，損失と脆弱性は，守るべきリソースだけを分析して数値をアセスメントできる可能性がある。一方，狙われやすさを代弁する脅威は，外部環境にも依存する。そのため，最適投資に関する知見を考察する際には，横軸に脆弱性または脆弱性と損失の積をとり，縦軸に最適投資額をとったグラフ（最適投資曲線）を用いることが多い。例えば，正の定数 $\alpha$ を用いて

$$S(t,v,z) = tv^{\alpha z+1} \tag{5.2}$$

とモデル化できる場合には

$$z^* = \max\left\{0, \frac{\ln\dfrac{1}{-\alpha tv\lambda(\ln v)}}{\alpha(\ln v)}\right\} \tag{5.3}$$

となる。単位投資額あたりの効果を表す $\alpha$ は，情報セキュリティに関する生産性パラメータである。生産性が低過ぎると任意の $v \in (0,1)$ に対して $z^* = 0$ となるが，そうでない限り，最適投資曲線の概形は**図 5.4** のようになる。

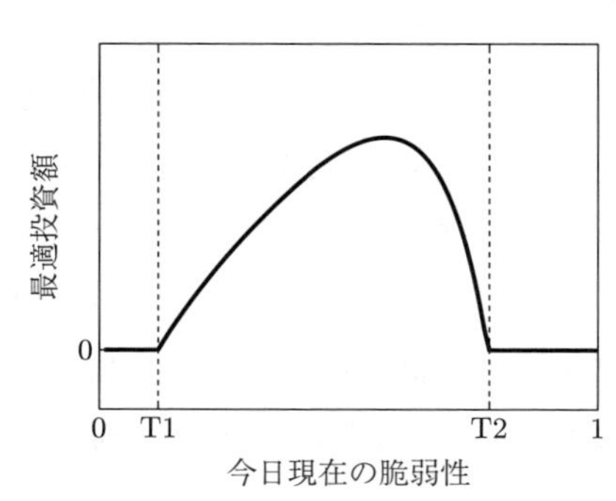


**図 5.4**　最適投資曲線の例

図では脆弱性が閾値 T1 と T2 の間でのみ投資するという「中庸な脆弱性に重点的に投資する戦略」を示しているが，投資後の $tv$ 積の関数系を変えるなどすれば，定性的に異なる投資戦略が最適となる場合もある。最適投資モデルを利用した情報セキュリティのコンサルティングでは，生産性パラメータをアセスメントするヒアリングが重要な役割を果たす。

〔**3**〕 **実証分析** 計量経済学では，観測されたデータに回帰分析などを適用し，経済理論が現実に成り立つかどうかを統計的に検証できる。情報セキュリティ経済学における実証分析では，たいてい，計量経済学的な手法を駆使する。特に，定性的な依存関係を論じる仮説検定が重要な役割を果たす。統計数学自体の解説は他書†に譲り，ここでは，実証分析の目的に着目して情報セキュリティ経済学における役割を学ぼう。

実証分析の目的はいくつかに分類されるが，代表的なものは四つである。

① 経済学的な理論のもたらす知見が現実に整合しているかどうかの検証。例えば，中庸な脆弱性を重視した最適投資の傾向があるかどうかの検証は，この一つ目に該当する。

② 経済学的なモデル化の発想が現実に整合しているかどうかの検証。ここでいう「整合」の意味には，さまざまなレベルがある。例えば，式 (5.2) に対する第一義的な関心を「投資は脅威を低減せず（つまり抑止力としての効果はなく），脆弱性のみを低減する」という点に絞り，別途その仮説を検定するためのモデルを立てて検証することは，この二つ目に該当する。利用可能なデータ次第だが，投資後の脅威を被説明変数とし，説明変数の一つに投資額を含めてモデルを立て，その項の係数が 0 であるという仮説を検定したり，投資後の脆弱性を被説明変数として投資額の項の係数が負であるという仮説を検定したりすることが考えられる。

③ 情報セキュリティへの取組みがうまく機能したかどうかの検証。例えば，情報セキュリティ対策が混乱していた新興産業において，混乱を静める普及啓発策を実施し情報セキュリティ投資の投資対効果を高める取組みが行われたとする。取組みの成否を判定するために，投資対効果を測る指標を定義し，それが取組みの後に増加したという仮説を検定することは，この三つ目に該当する。

④ 情報セキュリティやその応用システムのリスクに関する現象の，経済学

† 例えば，文献[4]などに詳しい。

的な要因の発見。例えば，仮想通貨交換レートの異常な変動が，悪意の疑われる取引の影響かどうかを検定することは，この四つ目に該当する。

計量経済学的な手法は確立されているが，実際の分析では，質の高いデータの収集が困難で検証は容易ではない。実証分析のためのデータをとり難いという悩みはどの分野でも見られるが，情報セキュリティ分野の特徴は

- 情報セキュリティに関する案件に対して企業の機密意識が高い。
- 情報セキュリティだけを分離することが難しい。

という点にある。例えば，「ICTへの投資額」はわかっても「情報セキュリティへの投資額」がわからない場合には，代表的な情報セキュリティ対策（例えば，水準以上のファイアウォールの導入，情報セキュリティポリシーの策定，情報セキュリティ教育の実施，など）として実施したものの個数を代理変数（情報セキュリティへの投資額を代弁する変数）とするなど，工夫が必要になる。代理変数が増えると，たとえモデルが本質を突いた優れたものであっても，異なる説明変数の間や誤差項との間の相関など，課題が増えがちである。

### 5.3.2 情報セキュリティ倫理

情報セキュリティ分野には，重い倫理的課題がいくつもある。基礎講義でそれらを解決することはできないが，目をそらすべきではない。

〔1〕 **悪用問題** 不正を内部告発する善意の通報を受けるシステムや，個人的な悩みを匿名で相談できるサービスで匿名通信システムを利用することは，開発者が正当な利用例として想定した範囲である。しかし，犯罪者が追跡を逃れる目的で利用する場合，それは悪用というべきだろう。分散台帳技術に基づく仮想通貨も，正当な決済に利用されるだけでなく，ランサムウェアの身代金支払い手段として悪用されることがある。

たいていの技術には，正当な応用がある一方で，悪用され得る問題もある。情報セキュリティ技術にも同様の問題があるのは当然だが，独特の課題として

- 厳しい安全性評価で技術を育成すれば正当な利用はより安心できるものになるが，悪用された時にそれを封じることがより困難になる。

というジレンマがある。安全性評価が学術的に定まらないうちに社会にインパクトを与える広まりを見せた技術の場合，議論はいっそう難しい。

〔**2**〕 **デュアルユースと責任ある開示**　インターネットを介して攻撃が来襲する時，それは，好奇心による行為の場合も，嫌がらせや犯罪目的の場合もある。そして，軍事目的の場合もある。たいていの技術には，民生応用・産業応用だけでなく，軍事応用もある。デュアルユースの問題である。情報セキュリティ技術にも同様の問題があるのは当然だが，独特の課題として

- サイバー攻撃は容易に国境を越える上に，サイバー空間では実空間と比べて軍事行動と非軍事行動を区別する痕跡や確定的な証拠が残り難いため，民間組織も軍事目的の攻撃（あるいは演習）の標的となりやすい。
- 高いレベルの安全性評価を伴う防御技術を持つためには，自身の攻撃技術のレベルも高くなければならない。

という悩みがある。民間における攻撃技術の教育と研究は，十分な倫理教育を伴わせるべき重い課題である。

そして，攻撃技術に取り組んで新しい脆弱性を発見した時には，開示するかどうかで苦悩する可能性がある。開示した脆弱性情報が悪用される懸念を重く見て開示しない場合には，かりに発見者がその脆弱性対策を施した技術を開発しても，明示性の原則を守った評価ができない。明示性の原則に従うならば，**責任ある開示** (responsible disclosure) をした上で再現性のある評価をすべきであるが，その結果安全性が示される保証はない。そもそも，対策をまったく思いつかない可能性すらある。経験的な安全性評価に頼らざるを得ない技術は，「評価が十分かどうか覚束ない」だけでは済まない問題を生む。

〔**3**〕 **セキュリティ・バイ・デザイン**　情報セキュリティ問題に関する困難さの多くは，最初の基本設計段階から情報セキュリティを十分考慮する取組み，すなわち，**セキュリティ・バイ・デザイン** (security by design) があまりなされていないことと関係する。なぜ，セキュリティ・バイ・デザインは軽視されがちなのだろうか。おもな理由は，二つある。

一つ目の理由は，「安全な部品を使っていればシステムも安全だろう」という

誤解である。3章の3.2.3項で見たモバイルIPの開発史は，システムの安全性は別問題であるという教訓を得る素材の例である。セキュリティ・バイ・デザインのつもりでいながら実際にはそうなっていない，という事例は多い。

二つ目の理由は，コスト削減や利便性など，安全性とトレードオフの関係にある項目を重視する意識の誤った実践である。基本設計終了後にトレードオフを改善しても限界があり，その限界は基本設計で背負う制約条件に依存する。生体認証のROC曲線における横軸を利便性の評価軸と読み替え，縦軸を安全性の評価軸と読み替えれば，**図5.5**のように帯状の領域†に制約を受ける。

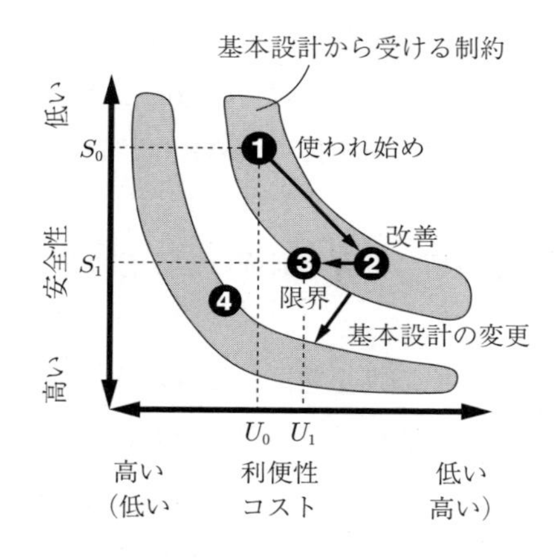


**図5.5**　安全性と利便性（またはコスト）とのトレードオフ

利便性要件 $U_0$ を満たすべく基本設計を行い，使われ始めたとする（図5.5の白抜き数字❶）。セキュリティ・バイ・デザインを軽視すると，脅威分析が甘くなる。しかし，システムが実際に使われるようになれば，否応なく実際の脅威にさらされる。すると，初期の安全性要件 $S_0$ では甘く，満たすべき安全性要件が $S_1$ であると思い知らされる。$S_1$ を満たそうとして改善すると，利便性が下がってしまう（❷）。設計限界まで努力しても，利便性要件を満たせず $U_1$ にとどまる（❸）。要件を満たすためには，多額の投資をして基本設計の変更を行う（❹）。基本設計による制約は線ではなく帯状の領域なので，セキュリ

† 設計にはたいてい余裕度があり，容易にできる軽微な改善もあるので，基本設計による制約はROC曲線のような線ではなく帯状の領域である。

ティ・バイ・デザインを軽視したにも関わらずその帯状領域に点 $(U_0, S_1)$ が含まれる可能性もあるが，ユーザブルセキュリティ分野の経験則によれば，その期待はあまり持たない方がよい。コストとのトレードオフでも，同様の経過を辿りがちである。

公衆・消費者の安全を確保する枠組みは，おおむね，品質管理，製造物責任 (PL: product liability)，技術者倫理（あるいは企業倫理）の順に定着してきた。この観点では，セキュリティ・バイ・デザインは，情報セキュリティ分野における技術者倫理の問題である。そして，特定の製品ではなく技術領域自体を，その草創期から安全性を十分考慮して形成するかどうかは，より深刻な問題である。例えば，インターネットは，ある程度信頼し合う研究者のネットワークとして性善説の基本設計でスタートしており，セキュリティ・バイ・デザインになっていないという見方がある。どの世代を草創期と見なすかにもよるが，**人工知能** (AI: artificial intelligence) の応用にもその兆候がある。技術の持つ脆弱性だけでなく，蓄積されるデータに悪意あるものが紛れ込むリスクも，草創期から取り組むべき課題である。

セキュリティ・バイ・デザインの普及には，実際に問題が起きる前から，さまざまな関与者が情報セキュリティに関する高い意識を持つことが有効である。幅広い分野において，表面的な知識にとどまらずに考え方を学ぶ情報セキュリティ教育を広めることが，すべての礎となる。

## 演　習　問　題

〔**5.1**〕 Tor において，二つの中継者しか経由せずサーバへアクセスすることにした場合に提供される匿名性を，三つの中継者を経由する本来の Tor と比べて論ぜよ。なお，定性的におおむね同じである場合には，変わらないという解答でよい。

〔**5.2**〕 作業証明 (PoW) を利用したブロックチェーン（許可不要チェーン）に基づく仮想通貨のコンセンサスアルゴリズムにおいて，複数の採掘者から同時に台帳更新データが送信された時の勝利者決定に関わる規則として

- 追記する新しいブロックに含まれる処理情報の個数が多い方を勝利者とする。

- 勝利者の台帳更新データに反映されていない処理情報は，捨てられ，自動的には次回以降の採掘に回されない。
- 次回以降の採掘に回すためには，トランザクション発生者が，処理情報を再度ネットワークへ送らなければならない。

という規則を採用したとする。簡単のためタイブレークは起こらない（台帳更新データに反映されている処理情報の個数は採掘者ごとに異なる）と仮定して，この規則の長所と短所を一つずつ指摘せよ。

〔**5.3**〕 Gordon-Loeb モデルにおいて，脅威 $t$，脆弱性 $v$，投資額 $z$ を引数とする「投資後の $tv$ 積」が次式で与えられる時の最適投資額 $z^*$ を求めよ。

$$S(t,v,z) = \frac{tv}{(\alpha z+1)^\beta}$$

ただし，$\alpha$ と $\beta$ は情報セキュリティに関する生産性パラメータであって，$\alpha > 0$，$\beta \geqq 1$ を満たす定数である。また，脅威が実際に損失をもたらす場合の経済的損失金額を $\lambda$ とし，$tv\lambda > 0$ であるとする。

〔**5.4**〕 情報セキュリティ投資に関する実証分析において，投資額を直接観測できないため，代表的な情報セキュリティ対策として実施しているものの個数を代理変数とした。この場合に，実際には情報セキュリティへの支出だったにも関わらず反映されない可能性の高い支出を一つ指摘せよ。

〔**5.5**〕 社会的ネットワークを資源と見なし，それを物的資本や人的資本と同様に評価可能かつ蓄積可能な資本として位置づけたものを，社会関係資本という。社会関係資本が豊かに蓄積されるほど，社会や組織の効率性が高まるとされる。身近な例では，地域住民による防犯見回りの仕組みなどがある。本書で学んだ項目の中で，情報セキュリティの推進に寄与する社会関係資本の例を一つ挙げ，技術者倫理の観点でコメントを加えよ。

# 引用・参考文献

1) 松浦幹太：サイバーリスクの脅威に備える―私たちに求められるセキュリティ三原則―，化学同人 (2015)
2) 森山大輔，西巻 陵，岡本龍明：公開鍵暗号の数理，共立出版 (2011)
3) 八木 毅，秋山満昭，村山純一：コンピュータネットワークセキュリティ，コロナ社 (2015)
4) 森棟公夫：計量経済学，東洋経済新報社 (1999)

# 演習問題解答例

## 1 章

〔**1.1**〕 クライアント認証をして接続を確立するプロトコルを考える。クライアントからの接続要求を受信したサーバは，所定のクライアントからの正当な要求であることを検証することにより，真正性を確保する。しかし，認証しない場合と比べると，検証作業を行う分だけサーバの負荷が高い。そのため，クライアントを装った攻撃者がおびただしい数の不正な接続要求を送りつけるサービス妨害攻撃をしかけると，認証しない場合と比べて少数の接続要求でサーバに深刻な可用性低下が生じかねない。すなわち，真正性と可用性との間にトレードオフがある。

〔**1.2**〕 適合性評価制度で審査や研修などの役割を担う運営側を，「認証機関」「認定機関」「要員認証機関」「審査員研修機関」に分けて，任務の分離が実現されている。よって，首尾一貫性の原則を守って副作用を防ぐことが必要であるが，国際規格を皆が参照できるという特徴が助けになると考えられる。

四つの機関の中でも，評価の質を十分なものとするために認定機関が特に中心的な役割を果たしている。よって，認定機関が明示性の原則を守る規律を保つよう徹底するのが効果的である。評価希望組織から認定機関へ意見や苦情を伝える経路があるという特徴が，この規律を支える監視機能に寄与する可能性がある。

適合性評価制度が整備されても，その利用が進まなければ，PDCA サイクルの適切な実践が普及し難い。動機付け支援の原則を意識して，利用の動機付けを与えたり取組みへのリスペクトを促したりする仕組みも整備すべきである。図 1.5 では，審査員研修といった人材育成も合わせて制度化されている点が特徴的であり，動機付け支援に寄与する可能性がある。

〔**1.3**〕 (1) では，ユーザとしての構成員に対して，どの電子メールソフトウェアが組織の安全性基準を満たすものであるかを判断する権限を与えていない。その意味で，「最小権限への制限」のベストプラクティスに合っている。

(2) を守ることにより，電子メールを誤った宛先へ送付してしまっても，添付ファイル付きの電子メールとパスワード伝達の電子メールの両方とも誤らない限り，ただちには電子ファイルの内容の漏洩とならない。「アドレス確認」のベストプラクティスが徹底されなかった場合に備えた対策の一つとして機能する。

(3) と (4) では，確認作業と事故対応を，それぞれ，上長と情報セキュリティ管理者に割り当てて「任務の分離」のベストプラクティスを実現している。

(2), (3), (4) は，電子ファイルを送る際の一連の手続きを定めている「ルーチン化」

である。(2) と (3) は送信者本人に課するルーチンであり，(4) は上長に課するルーチンである。ただし，送信者が上長への同報を怠ると，少なくとも (4) は機能しない。また，上長が (4) を遵守しなければ，事故対応が遅れるなどの問題を生じる恐れがある。

〔**1.4**〕「挑戦者以外が復号オラクルの役割を果たす」とした場合，挑戦者から復号オラクルへの初期設定の通信を定義する必要が生じるなど，モデルがいたずらに複雑化する。特に，「復号オラクルへのクエリとして，出題で用いられた暗号文を送ることは許されない」という条件を満たすことが重要である。図 1.2 のように「挑戦者が復号オラクルの役割も果たす」と設定すれば

- 選んだ平文を暗号化した結果（出題の候補）がすでに受信したクエリに含まれている場合には，暗号化をやり直す（復号オラクルを兼ねているので，挑戦者はクエリを知っている）。なお，「同じ平文を同じ鍵で暗号化した結果が必ず同じ暗号文になる」という意味で確定的な公開鍵暗号は，そもそも識別不可能性を満たせない（攻撃者も公開鍵を知っているので，チャレンジの平文をそれぞれ暗号化して出題と比較すれば，挑戦者の選んだ平文を攻撃者は 100%の確率で正しく推測できる）。よって，IND-CCA2 を満たすべく設計された公開鍵暗号には，上記の意味で確定的ではないことが求められるので，暗号化をやり直せば出題を変えられるということを前提としてさしつかえない（確定的である場合には，IND-CCA2 の安全性証明を試みるまでもなく「IND-CCA2 を満たさない」と結論づければよい）。
- 出題後に受信したクエリに出題で用いられた暗号文が含まれていたら，そのクエリに対してはレスポンスを返さない（挑戦者を兼ねているので，復号オラクルは出題を知っている）。

のように注意して，条件を満たすことができる。

〔**1.5**〕 データベースを介して教員から学生へ情報を伝えることができない。

〔**1.6**〕「スパムメールとはなにか」が明確に定義されていない。また，ユーザによって認識が異なるならば，その幅をどう考慮して確率を算出するかを明示すべきである。例えば，定義が $N$ 種類あるとすると，以下のような検討が可能である。

- 全ユーザに対して同じ定義 $i$ を用いて「定義 $i$ の場合の FNR と FPR」を算出する。$i = 1, 2, \cdots, N$ に対してそのような算出をした後に，平均をとって，最終的な FNR，FPR とする。必要ならば，平均以外の統計量も添える。
- 個々のユーザが許容する定義の範囲を調査し（あるいは属性分類で範囲を定め），それぞれの範囲で前項のように平均をとって「各ユーザの FNR と FPR」を算出する。そしてさらに，全ユーザの平均をとって，最終的な FNR，FPR とする。必要ならば，平均以外の統計量も添える。

## 2 章

〔**2.1**〕 一連のクエリと応答において，鍵は，その都度同じである。また，$m$ を暗号化する際も $m^*$ を暗号化する際も，Feistel 構造の第 1 ラウンドへの入力の右半分は同じなので，第 1 ラウンドの $f$ 関数の出力も同じである。すなわち

$$R_1 = L_0 \oplus f(K_3; R_0) \tag{1}$$

$$R_1^* = L_0^* \oplus f(K_3; R_0) \tag{2}$$

なので，両辺をビットごとの排他的論理和で足し合わせて，$L_0 \oplus L_0^*$ が $R_1 \oplus R_1^*$ に等しいことがわかる。$R_1 = L_2$，$R_1^* = L_2^*$ であることに注意すれば，$L_0 \oplus L_0^* = L_2 \oplus L_2^*$ が得られる。よって

$$(R_3 \oplus R_3^*) \oplus (L_0 \oplus L_0^*) = (R_3 \oplus R_3^*) \oplus (L_2 \oplus L_2^*) = (R_3 \oplus L_2) \oplus (R_3^* \oplus L_2^*)$$

が第 3 ラウンドの $f$ 関数の出力差分であることがわかる。この $P^{-1}$ をとれば，S 箱の出力差分が得られる。

一連のクエリと応答において鍵はその都度同じでなので，第 3 ラウンドの S 箱の入力差分は

$$(E(R_2) \oplus K_3) \oplus (E(R_2^*) \oplus K_3) = E(R_2) \oplus E(R_2^*) = E(L_3) \oplus E(L_3^*)$$

となる。

〔**2.2**〕 受信者側では，まず $x_1 = IV$ とし，$j = 1, 2, \cdots, n$ に対してこの順に以下を実行して復号する。

（**平文ブロックの復号**） $E_K(x_j)$ の下位 $r$ ビットと $c_j$ との間でビットごとに排他的論理和をとり，その結果を $m_j$ とする。

（**レジスタの更新**） $x_j$ の上位 $(N-r)$ ビットを $x_{j+1}$ の下位 $(N-r)$ ビットにコピーし，$c_j$ を $x_{j+1}$ の上位 $r$ ビットにコピーする。

特徴をいくつか箇条書きすると，つぎのようになる。

(1) $D_K$ を実装する必要がない。

(2) 暗号文の第 $j$ ブロック $c_j$ に，通信路上でビットが反転するエラーが発生すると，そのブロックの当該ビットの復号結果にビット反転エラーが入り，つぎのブロックの復号結果 $m_{j+1}$ にも影響が出る。

$c_j$ において反転したビットが上位 $(N-r)$ ビット以内でなければ，そのビットは $x_{j+2}$ にコピーされないので，さらにほかのブロックには影響しない。

$c_j$ において反転したビットが上位 $(N-r)$ ビット以内ならば，そのビットが $x_{j+2}$ にもコピーされるので，二つ後のブロックの復号結果 $m_{j+2}$ にも影響が出る。$x_{j+2}$ にコピーされた反転ビットは，下位 $(N-r)$ ビットの中にあるので，$r > N/2$ より，$x_{j+3}$ にはコピーされない。よって，さらにほかのブロックには

影響しない。

(3) ブロックの順序が変わって届いた場合，$c_1$ はそれさえ届けば $m_1$ に復号できるが，$c_2$ 以降の $c_j$ は一つ前の暗号文ブロックまでのすべて $c_1, c_2, \cdots, c_{j-1}$ が届くまで復号できない。

(4) ネットワークの下位層のプロトコルとのインタフェースに制約があり，動作モードの出力する系列が下位層のプロトコルで定まる比較的短いブロック長に限定されているとする。この時，そのブロック長を $r$ とすれば，計算機の性能向上などによる時代の要請で共通鍵暗号のアルゴリズムとして $r$ よりも長いブロック長 $N$ のアルゴリズムを使わなければならない場合でも，下位層のプロトコルを改訂せずに実装できる。この意味で，下位層のプロトコルと独立して，ブロック長の長いアルゴリズムへ共通鍵暗号をバージョンアップしやすい。ただし，この解答の考察項目〔2.2〕(2) で述べたビット反転エラーの影響は，ECB，OFB，CBC，CFB のどのモードよりも影響範囲が広い。下位層の制約がさらに強く $r \leqq N/2$ である場合には，さらに影響範囲が広がる（反転ビットは，系列 $\{x_j\}$ において $r$ ビットずつ下位へ移動するため）。

(5) 同じ平文系列を同じ鍵で暗号化しても，初期ベクトル $IV$ が異なれば，暗号文系列は異なる。

〔**2.3**〕 $a \ll b$ ならば，式 (2.28) と同様の導出課程を辿ると，「ハッシュ値が $b$ ビットのハッシュ関数に対して，試行回数が $2^a$ である誕生日攻撃が成功する確率」は，おおむね

$$1 - e^{-2^a(2^a-1)/2^{b+1}} \simeq 1 - 1 = 0$$

となることがわかる。すなわち，$a \ll b$ ならば，衝突発見困難性に対する誕生日攻撃の成功確率を十分小さく抑えることができる。

〔**2.4**〕 $n$ ビットの 0 を $0^n$ と記すこととする。問題のクエリ $x$ に対する応答を $R$ とすると

$$R = h\left(h(0^{257}\|k\|x)\|1\|0^{767}\right)$$

である。$R$ を得た攻撃者は，例えば 767 ビットの適当なデータ $z$ を選べば，クエリとは異なる 2045 ビットのメッセージ $x\|0^{767}\|z$ に対する認証子 $R'$ を次式で求めることができ，認証子の偽造に成功する。

$$R' = h\left(h(R\|1\|z)\|1\|0^{767}\right)$$

よって，EUF-CMA は満たされていない。

〔**2.5**〕 情報セキュリティでは，攻撃者自身が正規のユーザとして登録している場合も想定しなければならない。RSA 合成数が全ユーザに対して共通である場合，攻撃者が自分の秘密鍵と同じ公開鍵を見つけたら，それに対応する秘密鍵は自分の公開鍵と同じであることがわかる。

また，鍵生成アルゴリズムにおける「使用後に $p, q, \Phi$ をメモリから消去する」という注意を守らない実装があり，マルウェアの影響などでそれらのいずれかが漏洩すると，その結果として秘密鍵も知られてしまう。RSA 合成数が全ユーザに対して共通である場合，このようなインシデントの影響が全ユーザに及んでしまう。

〔**2.6**〕 $g^{p-1} \equiv 1 \pmod p$ であるから，復号の計算式に鍵生成と暗号化の計算式を代入すれば

$$m \cdot g^{rx} \cdot g^{r(p-1-x)} \pmod p = m \cdot \left(g^{p-1}\right)^r \pmod p = m$$

かりに平文が $p$ と同等のサイズだとしても，暗号文の第一要素 $c_1$ も第二要素 $c_2$ も $p$ と同等のサイズなので，二倍のトラヒックを送信しなければならないという通信オーバーヘッドがある。平文が $p$ よりもはるかに小さいサイズならば，その差だけさらにオーバーヘッドが増す。

〔**2.7**〕 （ア）$x_1x_2 \pmod n$，（イ）$y_1y_2 \pmod n$

クエリとして文書を一つしか送ることが許されていない場合には，以下の手順で攻撃する。

(1) 適当な $y_1 \in \boldsymbol{Z}_n$ を選んで $x_1 = y_1^e \pmod n$ を計算する。$x_1$ が $n$ とたがいに素ならば，(2) へ進む。$x_1$ が $n$ とたがいに素でなければ（すなわち偶然 $x_1 = p$ または $x_1 = q$ ならば），$y_1$ を選び直す（$x_1$ が $n$ とたがいに素になるまで繰り返す）。

(2) $x_2 = x_3 \cdot x_1^{-1} \pmod n$ を計算し，クエリとして署名生成オラクルへ送る。

(3) 応答として受け取った署名を $y_2$ とする。

(4) $y_1y_2 \pmod n$ は $x_3 = x_1x_2 \pmod n$ の正しい署名になっている。

〔**2.8**〕 平文空間の要素が二つしかないので，識別不可能性を問う際のチャレンジは，必ず 0 と 1 である。

IND-CCA2 に対する攻撃 $\mathcal{A}$ に関して，$\alpha_{\mathcal{A}}(k) = P_{\mathcal{A}\text{-ind}}(k) - 1/2$ と定義する。

ここで，暗号文 $y$ が出題された時の NM-CCA2 に対する攻撃 $\mathcal{B}$ として

(1) チャレンジ $y$ に対して攻撃 $\mathcal{A}$ を実行する。

(2) 推測結果の平文を正しい公開鍵で暗号化した結果がチャレンジと等しい時には，同じ平文を再度正しい公開鍵で暗号化し直す。暗号化した結果がチャレンジと異なるものになったら，その暗号文を出力する。

というものを考える。仮定より，この $\mathcal{B}$ は $k$ の多項式時間で必ず出力を出して終了し，次式が成り立つ。

$$\begin{aligned}\beta_{\mathcal{B}}(k) &= P_{\mathcal{B}}\text{-nm}(k) - P_{\mathcal{B}_0}\text{-nm}(k)\\ &= P_{\mathcal{A}\text{-ind}}(k) - \frac{1}{2}\\ &= \alpha_{\mathcal{A}}(k)\end{aligned}$$

ゆえに，IND-CCA2 を破る多項式時間の攻撃が存在すれば，必ず，それを利用して NM-CCA2 を破る多項式時間の攻撃を構成することができる。すなわち，この公開鍵暗号が NM-CCA2 を満たすならば，IND-CCA2 も満たす。

## 3 章

〔**3.1**〕 設定表を読み取るだけの動作は高速だが，機械学習を導入した場合には，実時間動作の要件を満たすかどうかをよく検証する必要がある。また，「導入前ならば棄却されたはずのパケットが，許可されるようになるケース」はあり得るが，逆の「導入前ならば許可されたはずのパケットが，棄却されるケース」はあり得ない。その意味で，安全性を下げる影響が出る可能性がある。原則禁止の方針を転換する積極的な理由がない限り，利便性（パフォーマンス）の面でも，安全性の面でも，機械学習導入は改善というよりも逆効果となる。

〔**3.2**〕 ルータ専用モジュールを外側に置くと，外部から届いて外部へ経路制御されるパケットはファイアウォール 2 専用モジュールを通過する必要がなくなり，ファイアウォール 2 専用モジュールの負荷が下がる。また，ファイアウォール 2 との相性が悪くその外側に設置せざるを得ない機器がある場合には，その機器への結節点として，ルータ専用モジュールを活用できる（ただし，当該機器のセキュリティについて，十分検討すべきである）。ルータ専用モジュールを内側に置くと，外部からのルータ専用モジュールに対する攻撃を防ぐためにファイアウォール 2 専用モジュールを活用できる。

〔**3.3**〕 無線 LAN のアクセスポイントを研究室が独自に設置すると，ゲスト接続が容易になるなどして，内部から外部への不正な通信を呼び水とした攻撃のリスクが高まる。そのリスクを許容範囲に抑えるようファイアウォールの動的設定と協調できるか，検討することが望ましい。NAT を導入していない理由がインシデント発生時の調査を容易にするためだとすると，アクセスポイントを研究室が独自に設置しても事後調査を阻害しないよう適切にログを残せるかどうか検討することが望ましい。

〔**3.4**〕 攻撃者は，外部の適当なアドレス X と Y を用いて，偽の登録更新 (BU) パケットを CN へ送る。その際，送信元アドレスをスプーフィングして Y とし，本拠地情報とローミング先情報もスプーフィングしてそれぞれ X，Y とする。すなわち，BU において「本来 X の機器ですが，いま，Y にいます」と語り，そのパケットの送信元アドレスを Y，宛先アドレスを CN とする。CN は，X へ鍵 $K_1$ を送信し，Y へ

鍵 $K_2$ を送信する。そして，それらを用いたメッセージ認証子付きの BU が届くまで，$K_1$ と $K_2$ を手元に残して待つ。攻撃者は，さらに多くの別のアドレス対を用いて，同様の偽 BU を CN へ送りつける。待ち受け断念の制御機構次第では，CN のメモリが枯渇する恐れがある。

〔**3.5**〕 サーバが持っている公開鍵暗号の秘密鍵が漏洩した場合，過去のハンドシェイク通信を観測していた攻撃者は，それらを復号できる。その意味において，フォワードセキュリティが弱い。しかし，生成されるセッション鍵一式を知るためには，PMS を暗号化したものをクライアントからサーバへ送る通信だけでなく，クライアントからサーバへ乱数を送る通信や，サーバからクライアントへ乱数を来る通信も観測しなければならない。鍵生成の元になる新鮮な数値を，一挙に送るのではなく，複数回に分けて送ることによって，フォワードセキュリティが改善されている。

〔**3.6**〕（1）$g^b \pmod p$，　（2）$r/m \pmod p$，　（3）$g^x \pmod p$，
（4）$g^r \pmod p$，　（5）$g^{xr} \pmod p$，　（6）$g^{xr} \pmod p$，　（7）$c_2$

## 4 章

〔**4.1**〕 以下のとおりであるが，バリエーションは例に過ぎず，ほかにもさまざまな可能性がある。

(a)　正しいパスポートを所持している，という持ち物による認証。また，パスポートに載っている顔写真やパスポートに電子的に埋め込まれている指紋などの生体情報と照合する認証。なお，パスポートの有効期間や過去の渡航記録などと照らし合わせて入国を認めるかどうかは，認可の問題である。

(b)　試験室内で受験票を用いて本人確認する場面では，正しい受験票を所持しているという持ち物による認証と，顔写真照合による認証。事前に登録した選択科目しか受験できない仕組みで，受験票の受験番号に応じて当該科目の問題用紙を配ることは，認可の問題である。

(c)　クレジットカード本体に記されているカード情報（カード名義，有効期間，カード番号，裏面のセキュリティコード）の入力は，第一義的にはそのカードを所持しているという持ち物による認証。ただし，会員としてアカウントを持っているインターネットショッピングのサイトで，カード情報をサーバに保存して流用する場合，アカウントにログインする時の認証原理による（ID とパスワードを知っているという記憶による認証など）。さらに，そのカードの会員としてオンラインで利用明細を閲覧する際などに使用する ID とパスワードの入力も求められる場合には，記憶による認証も併用されている。あるいはまた，使用している端末で Web ブラウザに ID とパスワードを記憶させている場合には，その端

末を起動する際の認証原理による（つぎの問 (d) を参照）。

クレジットカード会社が月間利用限度額を超過しないか確認する仕組みは，認可の問題である。

(d) そのコンピュータを所持していること（持ち物）による認証。また，パスワードによる認証（記憶による認証）。指紋などの生体認証が併用されている端末では，認証要求者に本来備わっており，時と場合にほぼ依存しない特徴による認証。購入直後や初期化直後の起動では，そのコンピュータを所持していること（持ち物）による認証のみであったり，購入時の附属書類に添付された情報を用いた認証との併用（持ち物による認証と，別の持ち物による認証の併用）。起動時の認証が受け入れられても，ユーザとして実行可能なシステム変更には限りがあるが，出荷時に設定されているユーザ権限は認可の問題である。

〔**4.2**〕 あるラム $L$ に着目し，多くの他人のサンプルに対して，ラムのテンプレートと比較照合して認証受入の判定が出る確率を算出し，それらの平均値 $P_L$ をとれば，脅威の程度がわかる。この値として最大の値を持つラム $\tilde{L}$ の $P_{\tilde{L}}$ を評価指標とする。低いほど，安全性は高い。

題意の人工物を用いる攻撃者は，意図的にラムの性質を持つユーザを登録し，有料登録会員ではない多くの結託者にその登録者 ID を教えてシステムへ招き入れる。複製困難で耐久性が悪くても，登録作業を一回行うことは十分可能であり，多くの結託者は当該アカウントが削除されるまで何度でも不正にアクセスできる。なお，この人工物をウルフとして使用する攻撃は，攻撃回数が耐久性の範囲に限られる。

〔**4.3**〕 ハッシュ値の衝突しているユーザが上に来るように，また，同じハッシュ値を与えるユーザ数の多いものほど上に来るように，並べ替える。ソルトが共通でハッシュ値が同じならば，パスワードも同じである確率がきわめて高い。同じパスワードを使っているということは，辞書に載っている脆弱なパスワードである可能性が高い。

〔**4.4**〕 つぎの三つの判定方法を考える。

判定方法 1：　三つの認証要素すべてで受入判定ならば認証要求を受け入れる。

判定方法 2：　二つ以上の認証要素で受入判定ならば認証要求を受け入れる。

判定方法 3：　一つ以上の認証要素で受入判定ならば認証要求を受け入れる。

各認証要素の本人拒否率を $R = 0.1$，他人受入率を $A = 0.2$ とおけば，判定方法 1 の本人拒否率は

$$1 - (1 - R)^3 = 0.271$$

他人受入率は

$$A^3 = 0.008$$

である。同じく，判定方法 2 の本人拒否率は

$$1 - \left\{(1-R)^3 + 3R(1-R)^2\right\} = 1 - 0.972 = 0.028$$

他人受入率は

$$A^3 + 3A^2(1-A) = 0.104$$

である。また，判定方法 3 の本人拒否率は

$$R^3 = 0.001$$

他人受入率は

$$1 - (1-A)^3 = 0.488$$

である。

二要素認証の場合には，結果レベル統合で本人拒否率と他人受入率の両方が下がることはなかった。しかし，題意の三要素認証では，判定方法 2 すなわち多数決判定法によって，両方を下げることができた。

〔**4.5**〕 ランサムウェアを用いた攻撃者から身代金を請求されても，バックアップで対応できれば，屈する必要がない。また，マルウェア感染一般で，バックアップがあれば復旧作業に役立つ。とりわけ組織で業務に用いている計算機がマルウェアに感染した時には，感染した計算機は事後調査に必要なのでそれ自体を初期化して復旧させることは難しく，速やかに新しい計算機で置き換えることになる。その新しい計算機に環境を再構築しデータを戻すためには，バックアップが必要である。

事業継続性の観点で効果を高める方策として，過去に遡って少なくとも数世代にわたるバックアップを残しておくことが有効である。例えば，組織内のほかの計算機や業務関連システムとの調整の関係で，必ずしも最新ではない環境の再現が有効な場合もあるからである。また，最新のバックアップを用いると，マルウェアに感染した後の環境の再現になる可能性もある。何世代かにわたるバックアップを残しておけば，感染前の環境を再現して事業を継続するためにも有益である。

〔**4.6**〕 内部不正者はきわめて強力な攻撃者であり，以下は影響の例に過ぎない。

(a) テンプレートを暗号化して保存するだけの対策では，内部不正者に復号鍵とともに盗まれるリスクが高い。そのため，検証プロセスと融合した高度なテンプレート保護技術が必要になる。

(b) 内部不正者がいると，そもそも一般にマルウェアを内部へ持ち込まれやすいので，ランサムウェアにも感染しやすい。さらに，内部不正者は，特別なランサム

ウェアを開発したり入手したりしなくても，身代金請求のインシデントを起こすことが容易である。例えば，内部の計算機で重要な業務用ファイルを暗号化し，身代金請求のメッセージを匿名性の高い手段で出せばよい。

## 5 章

〔**5.1**〕 題意のように変更した Tor において，クライアント (C) に近い方の中継者を入口番人 (G)，もう一方の遠い方の中継者を出口中継者 (X) と呼ぶことにする。クライアントが入口番人と共有する鍵を $k_1$ とし，出口中継者と共有する鍵を $k_2$ とする。C がサーバ (S) にアクセスする時，それぞれの中継者が知っていてセッションの間保管する情報は**解表 5.1** のとおりになる。また，アクセス経路の各区間で第三者が観測して入手できるアドレス情報は，**解表 5.2** のとおりである。

**解表 5.1**　それぞれの中継者が保管する情報

| | 入口番人 (G) | 出口中継者 (X) |
|---|---|---|
| 鍵 | $k_1$ | $k_2$ |
| 関与者 | C, G, X | G, X, S |

**解表 5.2**　アクセス経路の各区間で観測可能なアドレス

| C と G の間 | G と X の間 | X と S の間 |
|---|---|---|
| C, G | G, X | X, S |

どの中継者も制御せず中継者以外の経路上のノードを制御して確実に送受信者リンクの匿名性を破るためには，三つの区間すべてで観測しなければならないが，四区間すべてで必要な本来の Tor と比べて容易である。例えば，あるクライアント C があるサーバ S へ Tor でアクセスしている疑いがあり，疑いを持って着目した時点ですでに CG 間と XS 間における観測を始めているとする。この疑いの信憑性を確認するためには，あと一区間（GX 間）で観測できればよいことになる。しかも，着目すべき G と X を知った上で観測を試みるので有利である。同様の場合にあと二区間必要になり，しかも，中間中継者 M を知らずに観測を試みなければならない本来の Tor と比べて，この点では著しく脆弱である。

ほかの攻撃に関しては，以下のようになる。

**ペイロード解析攻撃：**　本来の Tor と変わらない。

**シビル攻撃：**　入口番人と出口中継者を制御すれば，攻撃に成功する。これら二つの Tor ノードを制御することが必要という点では，本来の Tor と変わらない。

**タイミング攻撃：**　トラヒックパターンを観測すべきノードは，Tor クライアントに最も近い区間（Tor クライアントと入口番人の間）のノードとアクセス先サーバに最も近い区間（出口中継者とアクセス先サーバの間）のノードの二つである。その点では，本来の Tor と変わらない。ただし，論理的経路が短くなってトラヒックパターンの相関が出やすくなり，その点で本来の Tor よりも脆弱になる可能性がある。

**反射攻撃：** 攻撃者が乗っ取るべきノードは変わらない。さらに，エラー処理につながる確からしさも変わらない。よって，本来の Tor と変わらない。

**指紋攻撃：** 本来の Tor と変わらない。

〔**5.2**〕 長所としては，効率性がある。一度の採掘と台帳更新に要する時間がおおむね一定だとすれば単位時間あたりに処理が完了する取引数は最大で，また，次回以降の採掘に回される処理情報の個数は最少である。

短所としては，シビル攻撃による不正の懸念がある。例えば，多くのアカウントを持つか乗っ取るかした攻撃者が，それらのアカウントへ向けて仮想通貨を送る処理情報を手元で大量に用意し（しかし，まだ送信せず），それらを反映した採掘†をして台帳更新データを準備する。やや遅めに（しかし，早い者勝ちの競争に遅れないタイミングで）一斉に処理情報を送信し，すかさず台帳更新データも送信する。こうして，それ以前にネットワークに送信されていた処理情報のすべてまたは一部が台帳に追記されないようにブロックすることを試みる。必ず勝利するとは限らないが，所有する計算機能力次第では，意図的に勝利確率を高めることができる。

このシビル攻撃は，まず，他者の妨害になり得る。また，もし攻撃者が買物の支払いにこの仮想通貨を使っており，その支払いを扱うシステムが「代金の金額を指定して処理情報をブロックチェーンのネットワークに送信したタイミングで，品物が買い手（つまり攻撃者）の手元に届く」という実装だったとすると，「代金を支払わずに品物を受け取る」不正に悪用できる。具体的には，買物の支払いに関する処理情報をまず先に出して品物を受け取り，その後でシビル攻撃によってその処理情報を捨てさせる。

〔**5.3**〕 解くべき問題は

$$ENBIS(z) = tv\lambda - \frac{tv\lambda}{(\alpha z + 1)^{\beta}} - z \ \rightarrow \ \max .$$

である。$ENBIS(z)$ を $z$ で微分して 0 とおくと

$$\frac{\alpha\beta tv\lambda}{(\alpha z + 1)^{\beta+1}} - 1 = 0$$

となる。これを $z$ について解けば

$$z = \frac{(\alpha\beta tv\lambda)^{1/(\beta+1)} - 1}{\alpha}$$

となるが，$\alpha\beta tv\lambda = 1$ の時にこの値は 0 になる。よって，最適投資額は

† これを**利己的採掘** (selfish mining) という。

$$z^* = \begin{cases} 0 & \left(v \leqq \dfrac{1}{\alpha\beta t\lambda} \text{ の時}\right) \\ \dfrac{(\alpha\beta tv\lambda)^{1/(\beta+1)} - 1}{\alpha} & \left(v > \dfrac{1}{\alpha\beta t\lambda} \text{ の時}\right) \end{cases}$$

となる。$v$ が閾値 $1/\alpha\beta t\lambda$ 以下では最適投資額は 0 で，それ以降は，図 5.4 とは異なり $v$ に対して単調増加の最適投資曲線になる。

〔**5.4**〕 システム投資やサービス契約（保険を含む）において，情報セキュリティの観点で高機能な選択肢とそうでないものに価格差があり，前者を選択している場合の価格差相当分。

〔**5.5**〕 サイバーセキュリティに関する情報共有分析組織 (ISAC) は，最新の脅威や脆弱性情報などを共有するとともに，それらの情報の信頼性を高めることによって，サイバーセキュリティへの取組み全体の効率性を高める。よって，サイバーセキュリティに関する ISAC は，社会関係資本の例といえる。ISAC を活用することと貢献することの両面で，技術者倫理を持つことが重要である。

# 索　　引

【す】



【せ】



【そ】



【た】



【ち】

【て】



【と】



【な】



【に】



【ね】



【は】



【ひ】

## 【ふ】



## 【へ】



## 【ほ】



## 【ま】



## 【め】



## 【も】



## 【ゆ】



## 【よ】



## 【ら】



## 【り】



## 【る】



## 【れ】



## 【ろ】



## 【わ】

【V】



【W】



〜〜〜〜〜〜〜〜〜〜〜〜〜〜〜〜〜〜〜〜〜

【記号】

## —— 著 者 略 歴 ——


1992年　東京大学工学部電気工学科卒業
1994年　東京大学大学院工学系研究科修士課程修了（電子工学専攻）
1997年　東京大学大学院工学系研究科博士課程修了（電子工学専攻），博士（工学）
1997年　東京大学助手
1998年　東京大学講師
2002年　東京大学助教授
2007年　東京大学准教授
2014年　東京大学教授
　　　　現在に至る



**情報セキュリティ基礎講義**
Lecture on Fundamentals of Information Security




2019 年 3 月18日　初版第 1 刷発行

検印省略

著　者　松浦幹太（まつうら かんた）
発行者　株式会社　コロナ社
　　　　代表者　牛来真也
印刷所　三美印刷株式会社
製本所　有限会社　愛千製本所

112–0011　東京都文京区千石 4–46–10
発行所　株式会社　コロナ社
CORONA PUBLISHING CO., LTD.
Tokyo Japan
振替 00140–8–14844・電話(03)3941–3131(代)
ホームページ　http://www.coronasha.co.jp

ISBN 978–4–339–01934–6　C3355　Printed in Japan　（齋藤）